C. S. Lewis.

痛苦的奥秘

THE PROBLEM OF PAIN

【英】C.S.路易斯 著 林菡 译

华东师范大学出版社
上海

华东师范大学出版社六点分社　策划

谨以此书纪念C.S.路易斯逝世五十周年。

致

淡墨会

神的爱子尚且受苦甚至被钉死，人不会不受苦，人所遭受的痛苦无外乎圣子所遭受的。

——乔治·麦克唐纳

《无言的布道》，第一系列

目　录

序言

当艾希利·桑普森先生建议我写这本书的时候，我请求他允许我署笔名，因为，倘若论及我对痛苦的真实想法，恐怕我不得不使用一些看似坚强的言词，那样一来，一旦有人知道论述者是谁，他们难免会说风凉话。我的请求遭到拒绝，因为跟整套丛书的署名原则不一致；不过，桑普森先生说，我可以在序言中解释一下——我不能照自己的想法办！这实在是振奋人心的提议，我正在执行不误！让我立即坦白一件事，借用善良的沃尔特·希尔顿的话，透过整本书，“我觉得我本人跟我所讲的真实感受相距甚远，我只能祈求上帝垂怜，然后一心盼望蒙怜悯”。[①] 不过，正因为如此，有一种批评是我不该承担的，就是“他没有经历过切肤之痛”；因为，每时每刻，单单想到那些深切的痛苦，都令我备受煎熬。如果说有人绝不敢低估苦难，那就是我。有一点需要补充，写作这本书的目的是解决痛苦引起的思想问题；当然，更高的目的是教导读者如何获得坚韧不拔的毅力和耐心，不过，在这一点上，我从未愚蠢地认为自己具备资格，对于我的读者们，除了阐明痛苦与生俱来之外，我别无他言，微小的勇气胜过丰厚的知识，些许同情胜过豪勇，神的一丝关爱胜过一切。

读罢这本书，任何一位真正的神学家都会轻而易举地发现：作者是个平信徒，并非专业神学人士。我承认，最后两章的某些内容具有推想的色彩，除此之外，我相信自己忠实阐述了古老而正统的教义信条。如果这本书含有所谓“新奇”之笔，即标新立异、非正统之说，也绝非出自我的本意，乃因疏忽所致。当然，我是以英国国教会平信徒身份写作这本书的：不过，我尽力确保本书能够为普天之下受过洗礼、彼此交通的基督徒所接受。

这不是一部博学之作，因此，对于那些显而易见的观点和引言，我没有费力作出注释。任何神学家都很容易看出

---

① 《完美之梯》，I，xvi。

我阅读的相关资料是何等寡少。

C. S. 路易斯

麦格达伦学院，牛津，1940 年

引　言

有这样一些人，他们肩负着讲论神的任务，其任务之艰辛令我惊叹。在一篇面向非基督徒的论文中，他们首先用造物之工来证明神的存在……却只让读者觉得这些用来证明我们信仰的论据是如此苍白无力……值得一提的是，所有的教会法典作家从来不用自然去证明神的存在。

——帕斯卡[1]

《思想录》，IV，第242、243页

---

① 帕斯卡(Blaise Pascal，1623—1662)，著名数学家，同时著有关于宗教的著作《致乡间友人书》和《思想录》(*Pensées*)。——译注

几年前，如果有人问我，“你为什么不信仰上帝？”我会这样回答：“看看我们生存的宇宙。迄今为止，它的最大组成部分是空旷无际的空间，全然黑暗，极其寒冷。进入这个空间的星球数量如此稀少，即使每一个星球都住满了快乐无比的生物，跟宇宙空间本身相比，这些星球仍然显得如此渺小，因此，人们很难相信，除了作为那造物伟力的副产品之外，生命与快乐有什么其他意义。然而，科学家们认为，在宇宙中，类似太阳的恒星很少(或许没有一个)像太阳一样拥有众多行星；在我们这个太阳系当中，只有地球上有生命。就地球本身而言，在生命出现之前，它已经存在了数百万年；而当生命消失后，它可能还会存在数百万年。那么，地球存在期间是什么光景呢？所有生物要靠互相捕食为生，这便是既定的安排。就低等生物而言，这种以生存为目的的捕食过程意味着死亡，而高等生物具备一种新东西，那就是感觉意识，痛苦伴随感觉意识而存在。生命中的痛苦是与生俱来的，生物要生存就要承担痛苦，它们也大都在痛苦中死亡。大多数高级生物，比如人类，还拥有一种素质，那就是判断力，因此，人能够预见自身的痛苦，此后，尖锐的思虑之苦便先痛苦而至了，人还能够预见自身的死亡，于是便渴望获得永生。人也因此发明各样的巧计，对同类和非理性生物施加痛苦，远比其他途径施加的痛苦多得多。他们把这一能力发挥到极至。人类历史记录了各样的罪恶、战争、疾病和恐怖，当然也有足够的快乐，当快乐存在时，人因担心失去快乐而痛苦，一旦失去快乐，人又会因回忆快乐而痛苦。人们时常为改善自身处境而努力，于是，我们称之为“文明”的东西便诞生了。然而，一切文明皆会消逝，即使有些文明得以留存，也会带来特有的苦难，这些苦难远远超过它们对人类一般苦难的消解。既然我们自身的文明如此，无人能够否认；那么，每种文明都必然像前一种文明一样消亡。即或有哪种文明原本不该消亡，又如何呢？物种注定消亡。形成于宇宙各个部分的不同物种必将消亡；因为我们知道，宇宙会逐渐消耗殆尽，必将呈现为统一的、无限的低温单一物质。所有的故事都将归于无有：最终，一切生命都不过是无限物质愚蠢外壳上短暂而无意义的扭曲体。如果你要我相信这一切都是一位仁慈而全能的神所为，我会说，所有这些证据都适得其反。要么，宇宙间根本没有神，要么，这位神对善与恶都漠然视之，或者说这位神是恶的。

还有一个问题，我甚至做梦也不敢提出。我从未觉察到，这种悲观论调的原动力和系统性把一个问题摆在我们面前。如果宇宙真的如此糟糕，或者说比较糟糕，人类为何还将地球视作一位智慧良善的创造者的杰作？或许因为人类愚蠢;不过,要愚蠢到这样一个程度也着实不易。上述推论乃是循着这样一种逻辑:非黑即白,非恶花即善根,非无意义之工即至高智者之所为,这种推论只能动摇信仰。我们不可将人类体验到的宇宙奇观当作信仰的根基:因为,宗教信仰的起源各不相同,而宇宙奇观不受宗教差异的影响。

若有人说我们祖先无知,对自然界的万物抱有醉人的幻想,随着科学的发展,这些幻想已经不复存在,那他就大错特错了。多少世纪以来,所有人都一直相信,人类已经认识到了宇宙惊人的广袤和空旷。通过阅读某些书籍,你便不难发现,中世纪的人认为地球是扁平的,星星距离地球很近,这当然是谬论。托勒密告诉他们,相对于固定距离以外的星体来说,地球只是一个精确的小点——根据中世纪一篇广为流传的文章记载,固定距离是指一亿一千七百万英里。在中世纪以前,甚至可以说自天地初开起,人类就从更为明显的来源获知:宇宙是如此博大深广。对于史前人类来说,附近的森林已经算是无边无际了,异类生物成群结队地在他们的门前吸嗅、嚎叫,对于这一切,即便是今天的我们也只能从宇宙射线和冷却的类太阳恒星推知。诚然,无论在任何历史阶段,人类生命的痛苦与损耗都同样触目惊心。我们的宗教信仰源自犹太民族,一个在好战帝国的夹缝中苦苦挣扎的民族,屡次战败,屡次被掳,就像波兰和亚美尼亚被征服的悲剧一样。有人将痛苦的产生归咎于种种科学新发现，这样做毫无意义。请你放下手中这本书，用五分钟时间来思考一个事实：在世界几大宗教起源、发展的时期，世界上根本没有三氯甲烷这样的东西。

因此，无论何时，把世间事物的走向跟创造者的良善和智慧扯在一起都是荒谬的；也从未有人做出这种粗陋的推理。① 宗教另有其起源。关于接下来的内容，有一点必须说明，我并非在论证基督教信仰的真谛，而是在叙述基督教的起源——依我看来，为了给痛苦的奥秘作一个合适的铺垫，此举十分必要。

在所有完善的宗教体系中，我们都能找到三个要素，基督教比其他宗教更多出一个要素。第一个要素是奥托教授②提出的人对"神秘"(Numinous)的体验。下面，向不晓得这个词的读者介绍一下它的含义。假如有人告诉你隔壁有一只老虎，你马上会意识到情况岌岌可危，并会因此感到害怕。不过，如果有人告诉你"隔壁有一个鬼"，你信以为

---

① 指的是在宗教产生初始阶段没有人这样推理。在人类接受对上帝的信仰之后，"神义论"便解释，或者说通过解释而消除了生命的苦难，人们自然时常见到神义论观点。——译注

② 奥托(Rudolf Otto，1869－1937)，生于德国巴伐利亚，新教神学家，曾任布雷斯劳大学与马堡大学神学教授，著有《论神圣》一书。——译注

真，也会觉得害怕，不过这种害怕的性质有所不同。这种害怕不以对危险的认知为基础，因为，让人们害怕的不是鬼能对自己做什么，而是“它是个鬼”这件事本身。与其说它危险，不如说它不可思议（Uncanny），这种特殊的害怕就叫作“畏惧”（Dread）。弄清了“畏惧”这个概念，你就开始接近“神秘”这个词的含义外缘了。现在，假如有人告诉你“隔壁房间有一位万能的神”，你也确信无疑，那么，你的感觉便跟纯粹的“害怕”有所不同：不过，你内心会充满巨大的忐忑惶惑。同时，你会感到震惊，甚至畏缩——觉得无力面对这样一位神，而应该向他俯身致敬——这种情愫可以套用莎翁的名句加以形容，“唯有他的存在使我惴惴不安。”①这样的感觉称作“敬畏”（awe），而激发敬畏之情的便是“神秘”（Numinous）。

既然在极早的时期，人类就相信宇宙中充满了神灵，或许，奥托教授太过轻易假设人类从起初就对神灵心存敬畏。在描述对“神秘”的敬畏之情和对危险的单纯畏惧时，人类所使用的语言可能相同，要证明其原因却难上加难——例如，我们会说我们“害怕”鬼怪，或者“害怕”涨价。所以，从神学角度看，在某个历史时期，人类简单地把这些神灵视为

① 参见莎士比亚《麦克白》第三幕第一场。——译注

“危险之物”,畏之如虎。可以肯定的是,无论如何,人类对“神秘”的体验是确实存在的,审视自己,我们便不难发现,这种体验由来已久。

《柳林风声》[1]这部书为我们提供了现代的例子,书中有个情节,讲的是在一个小岛上,老鼠和鼹鼠离潘神[2]很近。

“老鼠,”鼹鼠好容易才喘过气来,小声说道,他浑身都在哆嗦,“你害怕吗?”“害怕?”老鼠哼哼道,眼里闪着难以言喻的友爱,“害怕? 怕他? 哦,从不,从不。不过——不过——哦,鼹鼠,我害怕。”

追溯到一个世纪以前,我们会发现,在华兹华斯[3]的作品中,类似的例子不胜枚举——最恰当的例子来自《序曲》,华兹华斯在其中用一段话描述了在湖上划偷来小船的经历。回到更早的时期,我们从马洛礼[4]的作品中也能找到

---

① 《柳林风声》(*The Wind in the Willows*),儿童文学名著,作者是英国作家肯尼斯·格拉姆(Kenneth Grahame)。——译注

② 潘神(Pan),希腊神话中半人半羊的山林和畜牧之神。——译注

③ 华兹华斯(William Wordsworth ,1770－1850),英国浪漫主义诗人,与雪莱、拜伦齐名,代表作有与柯勒律治合著的《抒情歌谣集》(*Lyrical Ballads*)、《序曲》(*Prelude*)等。——译注

④ 《亚瑟王》,XVII,xxii[托马斯·马洛礼(Thomas Malory,1395－1471),15世纪英国作家,代表作为《亚瑟王》。——译注]。

一个纯粹而有力的例证，加拉哈德爵士[1]“抖得厉害，因为那具腐尸被幽灵附了”。在我们这个纪元之初，当《启示录》的作者见到复活的基督，就扑倒在主的脚前，“像死了一样”。[2] 在异教文学中，我们发现奥维德[3]描写了阿文丁山上黑漆漆的树林，让人瞥一眼便觉“numen inest”[4]——意指有幽灵出没，或者有神灵显现；维吉尔[5]笔下的拉丁努斯王宫“树木蓊郁，弥漫着古代宗教气氛，阴森可怖”。[6] 有一段古希腊文学作品片段，可能出自埃斯库罗斯之笔，向我们描述了地球、海洋、山脉怎样在“造物主可畏的眼目之下撼动”。[7] 再追溯到更早的时候，圣经《以西结书》描写了神的显现——“至于轮辋，高而可畏”[8]；圣经《创世记》中写道，雅各睡醒了，就说：“这地方何等可畏！”[9]

我们不晓得这种敬畏之情在人类历史中存在了多久。

---

① 亚瑟王手下的圆桌骑士之一。——译注

② 参见圣经《启示录》1:17。——译注

③ 奥维德（Ovid，公元前 43—公元 18 年），古罗马诗人，代表作有《变形记》、《岁时记》、《爱经》等。——译注

④ 《岁时记》，III，第 296 页。

⑤ 维吉尔（Virgil，公元前 70—前 19 年），古罗马诗人，代表作有《牧歌》、《农事诗》和史诗《埃涅阿斯纪》。——译注

⑥ 《埃涅阿斯纪》，VII，第 172 页。

⑦ Fragm. 第 464 页，西奇威克版。

⑧ 圣经《以西结书》1:18。

⑨ 圣经《创世记》28:17。

起初，人类就确信某些东西的存在，只要相信其真实性，就会激起我们心中的敬畏之情，因此，对神秘的敬畏之情存在的历史跟人类本身的历史一样久远。重要的是，无论如何，敬畏之情就这样产生，蔓延，并未随着人类知识和文明的进步而消失。

既然敬畏之情并非出自对直观的宇宙的感受，那么，要论证纯粹的危险(danger)和不可思议(uncanny)之间的区别是不可能的，更别说论证它与全然神秘(Numinous)之间的区别了。你也许会说，早期人类被重重危险所包围，整天心惊肉跳，发明出不可思议(uncanny)和神秘(Numinous)这两个词来不足为奇。从某种角度讲，这种看法没有错，不过，让我们先搞清楚状况。你觉得不足为奇是因为你跟你的先祖拥有同样的人类本性，因此不难想象，倘若你自己独处险境，你也会作出相同的反应；这种反应很“自然”，因为它符合人的本性。然而，有一点很不“自然”，对危险的认知当中已经包含了不可思议(uncanny)或者神秘(Numinous)之意，换言之，人会感知危险，会厌恶危险可能导致的伤痛死亡，这本身或多或少带有恐惧幽灵或者敬畏神明的意味，尽管人可能还不了解这些幽灵或者神明。当人的情绪从自然而然的害怕升华为畏惧或者敬畏，他便完成了一种纯粹的飞跃，因为他获取了一种东西，这种东西是包括危险在内的任何事物和逻辑推理所无法赋予的。大多数人在试图解释神秘一词时,会预先设定要解释的内容——例如,人类学家从人对死亡的恐惧入手来解释神秘,却没有解释为什么死去的人(肯定是最没有危险性的人)会引发这种恐惧情绪。我们的解释则反其道而行之,我们必须强调一点,畏惧(dread)和敬畏(awe)与害怕(fear)的性质不同,畏惧和敬畏存在于人类对整个宇宙的解释或者领悟之中;比方说,无论你罗列出多少外在特征,都无法尽述一个美丽生物的美态,或者说,离了审美体验,我们无法形容这个生物的美丽,因此,对人类生存环境的任何实际描述都难以囊括或者暗示不可思议和神秘之意。事实上,关于神秘的概念,只有两种观点。要么,它纯粹是人类心灵的扭曲,是人类对非客观事物的反应,不具有任何生理功能,却挥之不去,诗人、哲学家和圣徒都对它做了充分的描述;要么,它是对真正超自然事物的直接体验,这里所说的超自然事物即神的启示(Revelation)。

神秘与道德良善不同,对一个心存敬畏的人来说,他所敬畏的神秘客体"超越了善与恶的范畴"。这就引出了宗教信仰的第二个要素。在历史上,全人类对道德伦理都具有一定的认知;就是说,对于不同行为,人们会用"应该"和"不应该"加以界定。从某种层面上讲,这种感受与敬畏之心相似，不能从人所处的环境和实际经验中经逻辑推理而获得。因为你可以随心所欲，用“我想要”、“我不得不”、“我会好好考虑”、“我不敢”等说法来搪塞，却丝毫不去思忖“应该”还是“不应该”。必须再次说明，在试图把道德体验转化为其他东西时，人们往往会预先设定要解释的内容——例如，一位著名的心理分析家从史前人类的弑父行为中得出以下推论。如果弑父行为引发内疚，那是因为人们自知不应该犯下如此罪行：如果他们不觉得内疚，就不会产生道德犯罪感，像对于神秘的敬畏（numinous awe）一样，道德犯罪感的生成也是一个飞跃；有了道德犯罪感，人便超越了“既定”经验。道德犯罪感具有一个不容忽视的显著特点。那就是：不同人的道德规范或许存在差异（尽管这些差异实际上不像人们经常宣称的那样大），不过，一切道德规范所界定的行为准则都是其拥护者无法遵守的。所有人都一样，不是被其他人的道德标准而是被自己的道德标准定罪，因此，人都有犯罪感。宗教信仰的第二个要素便是自觉意识，不仅意识到道德规范的存在，也意识到自己认同道德规范却又难以遵守。这种自觉意识既不是对实际体验的逻辑推理，也不是对实际经历的非逻辑推理；如果我们不将自觉意识置于实际体验之中，自然无法在实际体验中找到它。

道德体验和神秘体验(numinous experience)大相径庭,两者虽存在已久,相互之间却并未产生交点。在林林总总的异教中,神灵崇拜与哲学家的道德研讨之间也无甚关联。当人们能够界定敬畏和道德的概念时,即人们把令其产生敬畏之心的神秘力量视为道德义务的保障时,宗教便进入了其发展过程中的第三阶段。这里必须再度说明的是,你可能会觉得这很“自然”。一个野蛮人心头忽然萌生了敬畏之情和犯罪感,并且认识到正是这股令他敬畏的力量在谴责他的罪,难道还有比这更自然的事吗?事实上,从人性角度讲,这的确非常自然。然而,此事其实一点也不寻常。萦绕着神秘力量的宇宙的自然作为与道德要求我们的行为毫无相似之处。对我们来说,一个似乎带有破坏性、冷漠无情、并无公义可言,另一个却截然相反。我们也不可将两者的定义解释为愿望的满足(wish-fulfilment),因为它们不能满足任何人的愿望。我们最期望的便是看到这样一种律法,其明白显露的权威性独独披挂着来自神明的权柄。就人类宗教发展史上的种种飞跃来看,这一飞跃最为惊人。许多人拒绝接受它,这一点不足为奇;非道德的宗教与非宗教的道德曾经存在过,并且依然存在。或许,只有某一个民族全体做出了一个完美的决定,迈出了崭新的一步——我所指的便是犹太民族:不过,无论何时何地,都有一些伟大的人也做到了这一点，而且，只有那些做到的人才得以脱离淫秽、野蛮的非道德崇拜和冷漠无情、可悲、自以为是的所谓纯道德。从其后果上看，这一步是迈向良性发展的一步。尽管逻辑不能强迫我们迈出这一步，这一步却是难以抵制的——即使异教和泛神教当中也不可避免地包含道德规范，甚至斯多葛主义[①]，不管甘心与否，也不得不向上帝屈膝。有一点必须再次强调，要么，这是人类与生俱来的疯狂，却出奇地结出了幸运之果；要么，这是神的启示。如果是神的启示，所有人都将因亚伯拉罕而蒙福，因为，正是犹太人把那位出没在漆黑山顶和雷霆雨云中的可畏神灵彻底清晰地定义为“公义的主”，这位主所喜悦的是公正。[②]

宗教的第四个要素乃是一个历史事件。有一位人子降生在犹太人中间，宣告自己是神，是神的儿子，与神同在，而这位神可敬可畏，在自然界显现，是道德规范的缔造者。这一宣告石破天惊——似乎自相矛盾，甚至耸人听闻，我们很容易轻看它的意义，对于这位人子，人们只有两种观点。要么，他胡言乱语，疯得不轻；要么，他曾经是、现在仍是他所宣称的身份。这两种看法非此即彼，再无中间路线。如果

① 是古希腊和罗马时期兴盛的一派思想，相信知觉是真知的基础，强调道德价值。——译注

② 圣经《诗篇》11:8。

事实证明，第一种假设根本站不住脚，你就只能接受第二种观点。如果你真的接受了，那么，基督徒们所宣讲的一切便是可信的——那就是，这位人子被钉死，又复活，从某种角度讲，人很难理解他的死亡，然而，正是他的死使得我们与那位“可敬畏的”、“公义的”主之间的关系发生了变化，一种于我们有益的变化。

我们眼前的宇宙到底是智慧良善创造者所做的工还是偶然、冷漠、恶意的产物，提出这种质疑其实从一开始就忽略了宗教问题中的一切相关要素。基督教不是宇宙起源哲学论辩的结论，而是一个悲剧性的历史事件，这个历史事件是在人类漫长的灵性准备完成后才发生的，这一准备过程上文已经叙述过。我们不能把痛苦这一难题生生放入基督教中，因为基督教绝不是这样一个体系。基督教本身是众多难题中的一个，这些难题可以放入我们所创造的任何体系之中。从某种层面上讲，基督教提出而不是解决了痛苦的问题，我们天天感知这个苦难世界，却要相信一个美好的确据——最终，现实将充满公义和仁慈，正因为如此，痛苦才成为问题。

至于上述确据为何美好，我在前面或多或少有所提及。它不会上升为一种逻辑上的强制。在宗教发展的每个阶段，人类都可能背叛，因为人类不可能根除其本性中的暴力倾向和荒唐无知。如果一个人希望自己区别于半数伟大的诗人和哲学家，抛却自己童年丰厚而无拘无束的体验，面对神明，他就会关闭属灵的眼睛。他会视道德规范为虚幻，把自己与人类共同信念割裂开来。他会拒绝承认这个神秘力量(the Numinous)就是公义的主，依然故我，做一个不开化的人，崇拜性、亡灵、生命力或者未来。不过，他要为此付上惨重的代价。让我们来看看宗教发展的最后一步，即道成肉身(Incarnation)这一历史性时刻，不难发现，在所有确据中，这一确据最为有力。从表面上看，道成肉身的过程与宗教起源时的种种奥秘惊人地类似，其实，它与那些奥秘迥然不同。从理性上讲，道成肉身很难解释，我们人类不可能臆想出这样一个故事。它不具有泛神论或牛顿物理学令人质疑的先验明晰性，却似乎带有多变性和独特性，这两个特性正是我们在这个顽固的宇宙中从现代科学身上领教的东西，一定数量的微小物质所释放出的能量是难以预料的，速度不是无限制的，不可逆的熵说明时间在热力学中是有方向的，宇宙不再是静止或循环的，而是戏剧性地运转，有始有终。如果说现实核心有什么要向我们传达的信息，那就是不可预期性、固执而戏剧化的曲折性，而这些特性正是基督教信仰所包含的。它带有主宰者的色彩——粗犷的、男性化的现实，并非由我们所缔造，也绝非为了我们所缔造，而是给我们迎面一击。

从这些依据，或是更有力的依据看，倘若我们循着这条人类蒙引领的途径成为基督徒，则必然要面对痛苦的奥秘。

第一章　上帝的全能

任何矛盾的事物都不在上帝的全能范畴之内。

——托马斯·阿奎那①

《神学大全》, I^a Q xxv, Art 4

如果上帝是良善的,他一定希望让他所创造的人类快乐无忧;如果上帝是全能的,他一定能够完成他的愿望。然而,人类并不快乐。因此,上帝要么缺乏良善,要么缺乏能

① 托马斯·阿奎那(Thomas Aquinas,1225－1274),意大利多明我会神学家,中世纪最重要的经院哲学家,著有《神学大全》(*Summa Theologiae*)、《反异教大全》。——译注

力，要么两者都缺乏。这就是以最简单形式提出的关于痛苦的问题。要回答这个问题，必须明白一点："良善"、"全能"以至于"快乐"这几个概念存在歧义。从一开始，我们必须承认，如果认为这几个词的普遍含义便是最准确的含义，就不可能回答关于痛苦的问题。我将在本章首先分析"全能"这一概念，在下一章分析"良善"的概念。

"全能"的意思是"有能力做一切事"。[①]《圣经》告诉我们，"在神凡事都能"。[②] 在与不信主的人争论时，这句话常常被用来论证上帝的真实存在和良善，论证上帝可以成就一切；因此，倘若我们指出某件事不可能实现，对方会立即反驳道："我认为上帝应该能做任何事。"这就引出了关于不可能性的问题。

"不可能"这个词通常隐含着一个条件状语——**"除非……"**例如，眼下我坐在这里伏案写作，不可能看到窗外的街道；就是说，我不可能看到街道，**除非**我走到顶楼去，那里足够高，我才能越过挡在中间的建筑物看到街道。如果我的腿不幸跌伤，我会说："**但是**我不可能走到顶楼去。"——就是说，我不可能上去，**除非**有几个朋友把我架上

---

① 拉丁文原意为"上面的力量或者全部的力量"。我所指的是这个词的现代含义。

② 参见圣经《马太福音》19:26。——译注

去。现在，让我们进一步探究不可能性的另一层含义，我会说："只要我坐在这里，挡在中间的建筑物不挪去，无论如何我都不可能看到窗外的街道。"有人也许会补充一句，"除非空间、视野的特性发生改变。"面对这种情况，我不晓得那些最优秀的哲人和科学家会说些什么，我自己会这样回答："我不知道空间和视野**是否可能**如你所说的那样发生改变。"好了，在这里，"**是否可能**"一词显然指某种绝对可能性或不可能性，区别于我们所说的相对可能性与相对不可能性。从这个意义上讲，我不敢说能否看到拐角那边的东西，因为我不知道"看到拐角那边的东西"这种说法本身是否自相矛盾。不过，有一点非常清楚，如果这种说法是自相矛盾的，它绝对不可能实现。这种"绝对不可能"可以被称作"内在不可能"(intrinsically impossible)，因为它本身就包含着矛盾，其不可能性并非来自依赖于外在因素的其他不可能性。这种绝对不可能性不暗含任何以"除非"开头的条件状语。即在任何条件下，任何领域中，对任何主体来说，皆不可能。

"任何主体"也包括上帝本身。他的全能是指成就内在可能的一切事。你可以把神迹列入他的全能范畴，而不是无意义的妄行。神的能力是无限的。如果你说"上帝能赋予人自由意志，也能不赋予人自由意志"，那么，你对上帝的这一描述就毫无意义，在句首冠以“上帝能”几个字并不能使无意义的词藻堆砌变得有意义。事实是：“凡事”在神都是可能的，而“凡事”并不包括那些毫无意义的、内在不可能的事。神并不比软弱的人类更有可能成就两件相互抵触的事；这并非因为神的能力会受阻，而是因为没有意义的事终归没有意义，我们的神不会去成就这类事。

然而，我们必须记住一点，人类推理者时常犯错，要么论据是错误的，要么论证过程本身漏洞百出。我们会把不可能的事当作可能的事，或者反过来。[①] 所以，在界定内在不可能的事时，我们应当加倍小心，因为，即使是全能的上帝也不会去成就这类事。接下来要讲的与其说是结论，不如说是实例。

无情的“自然法则”漠视人类遭受的痛苦与刑罚，祷告并未使这些痛苦刑罚远离人类，这一切似乎首当其冲地向神的良善和能力提出强有力的反论。我要讲的是，既然全能的上帝创造了一个由自由意志人群组成的社会，也就同时创造了一个相对独立的“无情”的大自然。

我们没有理由假设自我意识（即对“自我”的认知）可以

---

① 比如，无论多么精彩的魔术，按照观众的知识和推理能力来判断，都有自相矛盾的成分。

脱离“他者”(即非自我个体)的概念而单独存在。“自我”的概念是相对于环境,特别是社会环境而言的,所谓“社会环境”是指由许多其他自我组成的环境,在这个环境背景下,“自我”意识才得以建立。如果我们仅仅是有神论者,就要面对一个难题,即对上帝认知的问题:作为基督徒,我们从“三位一体”教义中得知,永恒的神里面含有类似“社会群体”概念的实体——神就是爱,不仅仅是柏拉图式的爱,因为,在神的里面,包含着具体的相互对等的爱,这样的爱在世界被造以先就已经存在了,后来又被赐予受造的人类。

有必要再次说明的是,人类的自由指的是有选择权的自由:选择意味着在已经存在的事物当中进行挑选。一个人如果失去了周围环境,便无从选择,因此,即使自由与自我意识并不完全等同,两者之间也具有类似之处,那就是,都以自我以外的事物为依托。

因此,自我意识和自由的最低条件便是,人类首先要认识上帝,进而认识自我,这个自我与上帝截然不同。可能有这样一部分人,他们只认识上帝和自己,却对其他人毫无所知。如果是这样,他们的自由仅仅意味着做出赤裸裸的单一选择——要么爱上帝过于爱自己,要么爱自己过于爱上帝。倘若一个生命只剩下如此干巴巴的选择,将是难以想象的。所以说,一旦我们试图与其他人交流,就要面对关乎

“自然必要性”的问题。

人们常说，再没有比两颗赤诚袒露的心“相交”、相知更容易的事了。然而，依我看，如果没有“外在世界”或者“环境”这一共同媒介，两颗心很难交融。稍微想象一下便不难发现，通常来说，这种秘密的不受肉体限制的精神交流至少需要在同一空间和同一时间才能实现，这样，“共存”中的“共”字才有意义，而这里提到的空间和时间本身已经形成了一种环境。不过，有了这些还远远不够。如果你将你的思想感情直截了当地向我表露，像我自己的思想感情一样，我们中间并无任何外在因素或“他者”，那么，对于你、我两种思想感情，我如何加以区分呢？如果失去了所针对的客体，你我又能产生什么样的思想感情呢？不但如此，倘若我没有感知过一个“外部世界”，又怎能获得“外在”和“他者”这两个概念呢？作为基督徒，你可能会回答：事实上，上帝（或者撒旦）就是在没有“外在因素”的情况下直接影响我的自我意识。此话不假，然而结果是，许多人既不认识“外在因素”，也不认识“他者”。因此，我们可以这样假设：如果人类的心灵能够不借助物质直接相互影响，那么，相信其他人的存在就成了信仰和洞察力的一次罕见的胜利。在这种情况下，对于我来说，认识我的邻舍比认识上帝更加困难，因为，我目前一直借助外界事物来认识上帝对我的影响，例如教会传统、圣经、教友之间的交谈等等。人类社会所需要的恰恰是我们所拥有的——某种中间领域，既不是你，也不是我，而是我们双方可以共同操纵、借以彼此传递信息的领域。我之所以能跟你谈话，是因为我们之间存在着空气，可以传递声波。物质，既可以阻隔心灵，也可以把心灵拉近。它让我们同时拥有“外在”和“内在”，于是，对我而言，你的意愿和思想便成了声音和眼神。你不仅存在，还“出现”在我眼前，这样一来，我便因与你相识而感到愉悦。

所以，社会是指一个共同的领域或者“世界”，不同人在其中彼此接触。如果天国社会存在，正如基督徒所相信的那样，那么天使们也必须有这样一个世界或者领域，即某种类似我们周围“物质”(从其现代含义，而非经院哲学[①]含义层面上讲)的东西。

不过，倘若物质充当了中间领域，其自身就必定具有固定属性。如果一个“世界”或者物质体系当中只有一位居民，一切都会按照他的意愿而运转——例如，树木之所以生长，乃是为了替他遮荫挡雨。假如你被带到这样一个随心所欲的世界里，你将寸步难行，并由此失去实施你自由意志

① 经院哲学是产生于11－14世纪欧洲基督教教会学院的一种哲学思潮，是运用理性形式，通过抽象的、烦琐的辨证方法论证基督教信仰，为宗教神学服务的思辨哲学。——译注

的机会。显然，你也不可能令我觉察到你的存在——因为一切用来向我传递信号的物质已经被我完全掌握，你无从操控。

必须再次说明的是，既然物质具有固定属性，遵循不变规律，所有物质状态不可能单单满足某一个人的愿望，也不可能单单有利于某一个特定的物质集合——即他的身体。比方说，在一定距离外，火能够给一个人的身体带来温暖舒适感，一旦距离缩短到一定程度，火便会伤害这个身体。所以说，即使对于一个完美世界而言，我们神经中的痛苦纤维也有其存在的必要性，它可以传达危险信号。这难道意味着任何领域都有邪恶因素（以痛苦的形式）存在吗？我不这样认为：因为，最小的罪也隐藏着不可估量的恶，导致痛苦的恶划分为不同级别，特定强度以下的痛苦根本不会引起任何恐惧或厌恶。例如，“温暖——温热——过热——灼烫”的过程提醒人们把手从火边缩回，不过，没人会在意上述过程。再如，我相信自己的感觉，步行了一整天后，爬上床，腿部会觉得微微酸痛，实际上，这种酸痛是令人愉快的。

然而，我们有必要再度说明，物质的固定属性决定，无论物质以何种方式布局，都不可能永远满足某一个人的喜好，而整个宇宙中的物质就更不可能令社会中的每个成员都获得便利和愉悦。一个人沿着一个方向行进，要下山；另一个人沿相反方向行进,就要上山。一枚卵石躺在我喜欢的位置上,那不一定是你喜欢的位置,除非有巧合。这个道理似乎跟作恶扯不上关系:相反,它适用于礼让、尊敬、慷慨等行为,这些行为是通过爱、善意的幽默以及谦逊来表达的。不过,它也给大恶留了地步,给争竞和敌对留了地步。如果人的心灵是自由的,就难免抛却礼让,挑动纷争。一旦心中生出敌意,人们便会利用物质的固定属性来彼此伤害。例如,木头具有固定属性,我们可以用它来造房梁,也可以用它来击打邻舍的头。总的来说,如果人们起了争斗,胜利往往属于武器先进、技术高超、人多势众的一方,即使这一方是非正义的,这是由物质的固定属性所决定的。

或许,我们可以想象这样一个世界——上帝每时每刻都纠正人类滥用自由招致的恶果,那么,当我们用木梁当武器时,它会变得像蒲草一般柔软;当我口出谎言和辱骂的时候,空气会拒绝传递声波。在这样一个世界当中,错误的行为不可能实现,因而,自由意志也将化为乌有;不但如此,根据这个原则,我们可以导出一个结论——恶的思想不可能实施,因为,当我们试图操纵大脑细胞物质生发种种恶念时,这些细胞物质会拒绝效力。同理,恶人周围的一切物质会发生不可预测的改变。上帝有能力改变物质的运转,制造我们所说的"神迹",在某些情况下,上帝也的确这样做了，这正是基督教信仰的一部分；不过，对一个普通的、稳定的世界而言，这种情况还是越少越好。比如，你跟别人下棋，你可以随时向对手让步，这种让步对于普通棋规就像神迹奇事对于自然法则一样。你可以让掉一个城堡[1]，或者允许对手在仓促出招后悔棋。不过，如果你每次都做出让步，以便使对手得利，就是说，他可以任意悔棋，而你愿意让掉对他不利的任何棋子，那么，这样的棋局根本没法进行。由此可见，世界由形形色色的人组成，并具有固定法律条文、偶然必要性的推论、自然界的整体法则，正因为有了上述种种限制，人们才拥有共同规范以及个人得以生存的单独条件。痛苦与自然法则和人的自由意志息息相关，如果试图排除痛苦发生的可能性，你会发现你不得不排除生活本身。

正如我刚刚讲过的那样，这段关于世界内在必要性的论述仅仅是一些实例。至于这些内在必要性究竟为何物，恐怕只有全能的上帝才知晓，只有他拥有智慧和依据。不过，我已经说过，这些内在必要性十分复杂。当然，“复杂”一词在这里是专门针对人类理解力而言的；我们可以从结论（即不同自由个体共存）去逆推出相关必要条件，但我们

---

① castle 城堡，国际象棋棋子，相当于中国象棋里的车。——译注

不应该以这种方式去思考上帝的作为，而应该去思考那单一的、全然有条不紊的创造之工，一开始，这一创造之工呈现在我们眼前的是许多独立的事物，进而，是相互依存的事物。现在，让我们稍稍超越我上面所讲的相互必要性概念——基于物质的“多重性”，我们可以视其为阻隔心灵的壁垒，也可以视其为心灵相通的媒介，因为“阻隔”和“相通”只不过是两个不同方面。随着我们思想上的每一点进步，我们愈发明确地认识到创造之工的统一性和修补创造之工的不可能性，这里所说的修补是指：认为上帝创造的这一个或那一个元素应当撤销，从而进行徒劳无益的修补。也许这不是所有可能被造的宇宙形态中最完美的一个，却是唯一可能存在的宇宙形态。“可能被造的世界形态”是指“上帝原本能够创造却并未创造的世界形态”。对于上帝的自由而言，“原本能够”这种说法过于拟人化了。无论人类的自由意味着什么，神的自由绝不意味着像人一样在不同选择面前犹豫不决。上帝拥有全然的良善，所以从来无需论证他所要实现的目标；上帝拥有全然的智慧，所以从来无需论证他实现目标的手段。上帝的自由存在于如下事实当中：他手所做的，除他以外再无其他理由，也无任何外力能够阻挡，他的良善是他创造之工的根基，他的全能是万物生长所需的空气。

这就引出了我们下一章要讲的主题——上帝的良善。到目前为止，我们还未涉及这个主题。有人唱反调，既然宇宙从一开始就承认痛苦的可能性，绝对良善的上帝就不该创造这个世界，对于这种论调，我们尚未给予答复。我必须提醒本书的每一位读者，我不会去证明创造如何好过不创造，因为我清楚，从任何层面上讲，人类都无法衡量这一问题的重要性。我们可以把一种存在状态与另一种存在状态进行比较，不过，仅用语言，不可能把存在与不存在进行比较。"对我而言，我最好不存在。"——"对我而言"的含义是什么？如果我不存在，又有什么好处？我们将要探讨的问题没有那么棘手：既然感受到世上的种种苦难，同时又从截然相反的确据中相信上帝是良善的，我们只是要弄清楚一点，即上帝的良善与世间的痛苦并不矛盾。

第二章　上帝的良善

爱是忍耐，爱是饶恕……然而，爱和不可爱的对象之间永远不能调和……神从来不能容忍我们犯罪，因为罪本身是不可改变的；不过，他容忍我们这个人，因为我们的人是可以修正的。

——特拉赫恩[①]

《世纪沉思录》，II，第30页

① 特拉赫恩（Thomas Traherne，1636－1674），英国圣公会诗人、散文家，著有《世纪沉思录》（*Centuries of Meditation*）。——译注

一旦我们思想上帝的良善,就立刻会遇到下面的困境。

从一方面讲,如果上帝比我们更有智慧,除了善与恶之外,在许多事情上,他的判断都应该有别于我们。我们视为善的也许在他不算为善,我们视为恶的也许在他不算为恶。

从另一方面讲,如果上帝的道德评判有别于我们,我们眼中的“黑”可能是他眼中的“白”,那么,我们称他为良善就没有任何意义;因为当我们确信上帝的良善标准不同于我们时,“上帝是良善的”这句话的真实表达就是:“上帝是我们所不能知晓的。”上帝不为人知的品性不能成为叫我们爱他或者背叛他的道德依据。如果他的良善并非我们所理解的良善,那么我们对上帝仅有的遵从也是出于畏惧——我们同样会甘于听命一个全能的魔鬼。既然我们是完全堕落(Total Depravity)的,我们所谓的良善观就无足轻重,它一旦成了白纸黑字,那么,这“完全堕落”之律会把基督教信仰变成一种魔鬼式崇拜。

要摆脱这种困境,我们就必须审视一个人际关系问题,试想,一个道德标准低下的人进入社会,这个社会中的其他人都比他良善,比他更有智慧,而他逐渐学着接受“他们的”道德标准,又会发生什么呢?我可以准确地描述这个过程,因为我本人曾亲身经历过。刚上大学的时候,我连一个男孩应该具备的起码道德良知都没有。我只对残忍和吝啬有一点模糊的厌恶，这便是我最大的成就，而我对仁慈、诚实和自我牺牲的认识就像狒狒对古典音乐的认识一样贫乏。因着上帝的怜悯，我结识了一群年轻人（顺便说一句，他们当中没有一个是基督徒），无论在知识和想象力方面，我们都如此接近，于是，我们很快成为亲密无间的朋友，不过，他们对道德规范有所认识，也乐于遵守，因此他们的善恶观跟我大相径庭。在这种情况下，我要面对的并不是把以往称为"黑的"当成"白的"来对待。对于人的头脑而言，接受新的道德看法并不等于把旧的道德看法简单地"颠倒"过来（尽管有的时候人们正是这么做的），而是把它们当作"心中切慕的尊贵主人一般"。对于前进的方向，你不应有丝毫怀疑，因为这些新标准比你原先可怜的旧标准更贴近良善，不过，从某种意义上讲，这些新的道德标准又是旧道德标准的延续。一个人要面临的最大考验是，认识这些新标准必然伴随着羞耻感和犯罪感：意识到他跌跌撞撞地走进了一个格格不入的社会。我们对上帝良善的认知必须建立在上述体验上。有一点毋庸置疑，上帝的"良善观"不同于我们的"良善观"；不过，你不必因此畏惧，当你向着上帝的良善靠近时，你只需把自己原先的道德标准颠倒过来。当神的道德与你自己的道德之间的差异呈现在你眼前，你不必疑惑，神要你做的改变是你已然称之为"更加美好的"改变。尽管上帝的良善与我们的良善不同，但两者并非截然相反。两者之间的差异不是“非黑即白”式的，乃是像一个完美的圆，或者孩子第一次画的车轮。当孩子学会画车轮的时候，他会了解这时候画的圆圈才是他一开始就想画的东西。

《圣经》里面早有这样一条训导。耶稣基督呼召罪人悔改——如果上帝的道德标准跟罪人已知却未能践行的道德标准截然相反，那么，这一呼召就失去了意义。基督要我们遵行我们已有的道德准则——“你们又为何不自己审量，什么是合理的呢？”[1]在旧约《圣经》中，神以世人对感恩、忠诚、公义的认知为基础，告诫世人，“你们的列祖见我有什么不义，竟远离我？”[2]在这里，神把自己置于他的受造之物的判断之中。

在这一段开场白之后，我希望可以放胆公开批评人关于上帝良善的某些观点，尽管我们极少详尽论述这些观点，它们却一直主导着我们的思想。

现在，当我们提到上帝的良善时，几乎专指他的慈爱；从这个角度说，我们并没有错。在这一语境中，大多数人所说的爱指的是仁慈——希望看到别人快乐；这里的“快乐”

---

① 圣经《路加福音》12：57。

② 圣经《耶利米书》2：5。

一词不是指以这种或那种方式快乐，而是单纯的"快乐"。真正让我们心满意足的是这样一位上帝，他要求我们的，恰恰是我们乐意去行的。"只要他们满意就好。"实际上，我们最愿意看到这样一位上帝，他像我们在天上的祖父一样——是一个慈祥的老人，正如人们常说的，他"喜欢看到年轻人自得其乐"，他给宇宙制定了计划，就是在每天结束的时候由衷地说一句"大家今天都过得不错"。我不得不承认，很少有人会如此阐述神学；不过，许多人心底的想法跟上述论调相差无几。甚至连我本人也不例外：我非常愿意生活在上帝这样管理的宇宙里。当然，我不是生活在这样一个宇宙里，但我有理由相信神就是爱，于是我断定：我对爱的定义有待更正。

实际上，我早该明白爱比仁慈更为严厉和丰富，透过诗人的作品也能发现这一点：我们可以看到，在但丁笔下，即便是男女之间的爱情，也仿佛是"一位可畏的主"。[①] 爱里包含着仁慈：不过，爱与仁慈这两个概念绝对不在同一层面上；如果把仁慈（按照上述定义）与爱的其他因素割裂开来，仁慈就演变成了对其对象的漠不关心，乃至轻视。仁慈很

---

① 参见但丁的诗作《新生》，《新生》是诗人为少年时代恋慕的少女贝阿特丽丝所作。——译注

容易导致其对象的灭绝——我们见过有人为了免除动物的痛苦而对其进行人道毁灭。这种意义上的仁慈根本不关心其对象会变好还是变坏,只要对象能够脱离痛苦,就万事大吉。正如《圣经》所指出的,私生子是不受管教的:只有将要继承家族传统的亲生儿子才会受到责打。[1] 对于我们不在乎的人,我们只盼望他们快乐,不考虑其他;对于我们的朋友、爱人、孩子,我们才会严格要求,宁愿他们吃些苦头,也不愿他们在卑劣无度、离亲背友的生活里寻欢作乐。如果神就是爱,从这个定义上讲,他一定拥有除仁慈以外的其他品性。种种证据显示,尽管上帝常常斥责我们,定我们的罪,但他从不轻视我们。他以人无法忍受的尊重来爱我们,他的爱最为深刻,最富悲剧性,也最不可动摇。

创造者与受造者之间的关系当然是独一无二的,受造者彼此之间的关系根本无法与其相提并论。跟人与人之间的关系相比,上帝与人之间既更疏远,又更亲近。之所以说更疏远,是因为上帝是自在的,拥有其自身存在的律,而人的存在是上帝赋予的,两者具有天壤之别;天使长跟小虫之间存在着巨大差异,然而,比起上帝与人的差异来,这一差异却显得微不足道。上帝是创造者,我们人类是受造者:他

---

① 圣经《希伯来书》12:8。

是自在的，我们是派生的。不过，正因为如此，上帝与最卑鄙的人之间也比人与人之间更为亲近。上帝每时每刻供应我们的生活：我们的自由意志所产生的微小、神奇的力量是借着我们的身体得以运行的，而源源不断为我们身体提供能量的，正是上帝——我们得以思维的能力也是神的大能所赋予的。我们只能通过类比来理解这种独一无二的关系：作为受造者，人类自身拥有各种不同的爱，由此，我们可以界定上帝对人的爱，这种定义虽然不全面，却非常有帮助。

从“爱”这个字本身延伸出的含义只代表了最初级的爱，类似艺术家对其艺术作品的爱。在《圣经》中，耶利米先知用窑匠与器皿之间的关系来比喻上帝与人的关系[①]；圣彼得则称教会为神手中建造的房屋，把每一个人比作建筑用的石头。[②] 当然，这样的比喻难免有其局限性，其所描绘的人是没有知觉的，而实际上，这些“石头”是有血有肉的，因此，关于神的公义和怜悯的问题仍然没有得到解答。不过，这个类比十分重要。从根本上讲，我们不是比喻意义上的艺术品，而是上帝的艺术杰作，是他根据自己的意志创造

① 圣经《耶利米书》18 章。

② 圣经《彼得前书》2:5。

的，直到这件艺术品具有个性，上帝才会满意。在此，我们必须再次提及“人无法忍受”这一说法。如果一位艺术家只需要画一幅素描逗小孩子开心，他可能不会自找麻烦，尽管画不一定表达出他的本意，他也乐于随手完成。然而，倘若他生平的一幅杰作——一幅他深爱的心血之作(尽管他爱这幅画的方式跟男人爱女人、母亲爱孩子的方式有所不同，其用情之深却无半点差异)，他便会承担起无数的麻烦——也无疑会“给”这幅画带来无数的麻烦，如果这幅画有知觉的话。不难想象，对于一幅有知觉的画而言，在被刮擦、重画了十次之后，它一定希望自己只是一幅拇指速写，一分钟便可完成的画。同样，我们也会自然而然地盼望上帝对我们的计划没那么宏伟艰巨；然而，一旦我们这样盼望，我们就不是在希图得到更多的爱，而是更少的爱。

另一种爱是人对动物的爱——《圣经》常用这种关系来类比上帝与人之间的关系；“我们是他的民，也是他草场的羊。”[1]从某种程度上讲，这个类比较前一个更为合适，因为，在其中，低等的一方是有知觉的，却又是绝对低等的一方：不过，到目前为止，人还未能创造动物，也不能完全理解动物，因此，这个比喻也有欠妥之处。以人和狗之间的关系

① 圣经《诗篇》100:3。——译注

为例，这个比喻的最大优点在于，一切皆是以人为先：人训练狗，主要是因为人爱它，不是它爱人；还因为它可以服侍人，不是人服侍它。不过，与此同时，人并未因为要保全自己的利益而牺牲狗的利益。除非狗以狗的方式去爱主人，否则主人爱狗这一目的不可能完全实现；相应地，除非主人以某种方式服侍狗，否则狗不可能服侍主人。以人的标准来看，狗是非理性的动物当中最“好”的一类，最适合充当人类施爱的对象（当然，这种爱的程度和方式都必须适度，不可过分拟人化）。因此，人对狗非常友好，把狗变成比其动物本性更加可爱的伙伴。狗的动物本性决定，它会发出气味，并且有许多习性，这些都很难让人爱得起来：人于是给它洗澡，训练它，教它不要偷东西，这样，人才能完全地去爱它。对小狗而言，假如它是个神学家，它会因为人对它所做的一切而质疑人的“良善”；对经过训练的成年大狗而言，就不会产生这样的疑问，因为它更健硕，比野狗寿命长，出于上帝的恩典，它明白周围是一个充满爱、忠诚、益处的舒适的世界，远远好过一般动物的命运。有一点值得注意，人（我在这里指的是好心人）承担了狗带来的一切痛苦，也给了狗这些痛苦，只因为狗是一只动物——因为它已经那么可爱，人才愿意花费功夫让它变得全然可爱。人绝不会去训练一只蜈蚣，或者去给蜈蚣洗澡。实际上，我们巴不得我们在上帝眼中没那么重要,巴不得他任凭我们随从本性行事——我们希望上帝放弃对我们的训练,因为那跟我们的本性格格不入;然而,如果真的这样,我们便不是在希图更多的爱,而是更少的爱。

还有一个类比,即上帝对人的爱如同父亲对儿子的爱,这个类比符合神对我们一贯的训导。无论何时(这里指的是无论何时我们以主的祈祷词来祈祷),只要使用这个类比,我们就必须谨记,我们的救主是在父权至上的时代使用这个比喻的,父权在当时远比在今天的英国更重要。有人认为,上帝的父性乃是这样:一位父亲对于儿子出生颇感愧疚,不敢对儿子有丝毫约束,唯恐限制了儿子,也不敢教导儿子,唯恐干涉了儿子的自主权。这样的比喻最容易误导人。我不想在此讨论古代的父权是好是坏;我只想诠释救主的第一批追随者以及其后数世纪的追随者对“父性”这一概念的理解。我们不妨思想一下主耶稣如何看待其“神独生爱子”的身份(尽管我们相信,主耶稣与父神同在,并且永远同在,这一点不同于世上任何的父子关系),又如何使他自己的意愿完全顺服父神的意愿,我们的主甚至不允许别人称他为“良善”,因为良善乃是父神的名。父子之间的爱这个比喻象征了一方权威的爱与另一方顺服的爱。父亲运用权威使儿子成为他所希望的样式,这个样式是正确的样式，是凭着父亲高于儿子的智慧确立的。即使在今天，若有一个男人说“我爱我的儿子，不过我不在乎他是否是个大恶棍，只要他开心就好”，此话便毫无意义。

现在，我们将要论及最后一个类比，一个非常危险的类比，其应用范围更加有限，然而，针对我们此刻的特殊目的，它最有用——我要谈的便是，如何用男人对女人的爱情来喻表上帝对人类的爱。《圣经》中多次使用这个比喻。以色列被称作不忠的妻，而她属天的丈夫却不能忘怀过去的甜蜜日子：“你幼年的恩爱，婚姻的爱情，你怎样在旷野，在未曾耕种之地跟随我，我都记得。”[①]以色列还被比作落魄的新娘，她流离失所，被人遗弃在路旁，这时，她属天的爱人从她身边经过，用衣襟为她遮体，并且用华美的服饰打扮她，使她极其美貌，而她却背叛了这位深爱她的丈夫。[②] 圣雅各称我们为“淫妇”，因为我们转过脸向着“世界的友情”，而我们的神一直“饱受嫉妒的煎熬，盼望他亲手植入我们里面的灵能够苏醒”。[③] 教会好比主的新妇，主甚喜悦她，以至于不能容忍她有一点点瑕疵。[④] 这个类比的实际用意在

---

① 圣经《耶利米书》2:2。

② 圣经《以西结书》16:6—15。

③ 圣经《雅各书》4:4—5。修订本翻译有误。

④ 圣经《以弗所书》5:27。

于,强调爱从其本质上要求被爱者具有完美性;狭义的“仁慈”可以包容一切,只要爱的对象能免受痛苦,从这个角度讲,这种“仁慈”是与爱背道而驰的。一旦我们爱上一个女子,我们难道会不去在乎她是清洁还是肮脏,是美丽还是丑陋吗?倘若一个男子对所钟爱的女子根本不了解,也不在乎她的样子,有哪个女子会认为这是爱的标志?诚然,爱意味着在被爱者失去了美貌的时候依然爱她;然而,这不等于说正因为被爱者失去美貌才爱她。爱可以宽容一切缺点,爱得不顾一切;然而,爱仍然希望除去这些缺点。比起恨来,爱对被爱者的每个瑕疵更为敏感;他的感情“比蜗牛的触角更加柔软、纤敏”。在所有的能力中,他饶恕得最多,却赦免得最少:他十分挑剔,苛求一切。

基督教所宣称的上帝对人类的爱,是指上帝“爱”人类,这并不意味着上帝出于冷漠而“不偏倚”地关心我们的利益。一个可畏而惊人的真理是:我们是上帝爱的对象。你希望拥有一位充满爱的上帝:你便得着了这样一位上帝。这位你曾妄称其名的神,“这位可畏的主”,是真实临在的:他不是一位慈祥的老人,昏昏欲睡地盼望你以自己的方式寻欢作乐;不是一位尽责的地方法官,冷漠地关注人类的福利;也不是一位房东,只负责记挂房客是否舒适;他是燃烧的火,是创造诸天的爱,他像珍爱自己作品的艺术家一般执著，又像宠爱自己狗儿的主人一般专断；他像深爱孩子的父亲一般深谋远虑、德高望重，又像坠入爱河的男子一般容易嫉妒、不能宽容。他缘何这般，我不知晓：不过，这一切却说明，为何一切生物，包括我们人类，在造物主的眼中如此宝贵。这实在是巨大的荣耀，超过我们应得的赏赐，除那些属乎恩典的珍贵时刻之外，也大大超过我们所求所想；我们一心盼望能像古典戏剧里面的众女子一样，轻视宙斯的爱情。[1] 不过，事实仍是事实，无可置疑。那不会受伤害的神竟然像倍受感情煎熬的人一般开口，那自在永在、拥有一切福乐的主竟然以深切的口气说话。他说："以法莲是我的爱子吗？是可喜悦的孩子吗？我每逢责备他，仍深顾念他。所以我的心肠恋慕他。我必要怜悯他。"[2]又说："以法莲哪，我怎能舍弃你？以色列啊，我怎能弃绝你？……我回心转意。"[3]"耶路撒冷啊……我多次愿意聚集你的儿女，好像母鸡把小鸡聚集在翅膀底下，只是你们不愿意。"[4]

只要我们给"爱"这个字赋予狭隘的定义，从以人为中心的角度去看待万事，人类的痛苦和上帝的慈爱这两者就

---

① 《被缚的普罗米修斯》，第 887—900 页。

② 圣经《耶利米书》31:20。

③ 圣经《何西阿书》11:8。

④ 圣经《马太福音》23:37。

不可能调和。人绝不是中心。上帝不是为了人的缘故而存在，人不是为了自己的缘故而存在。“你创造了万物，并且万物是因你的旨意被创造而有的。”①我们被造，不单因为我们会爱神（当然，这也是我们被造的原因之一），乃是因为神爱我们，我们是爱的对象，神因爱我们而“欢喜满足”。要求神以放任我们的方式来爱我们等于要求神不再是神：因为，神就是神，出于万物的本性，我们必然因着自身的某些缺点去妨碍、抵制神的爱；神既爱我们，也必然花费功夫造就我们，使我们变得可爱。即使在顺境中，我们也不能指望神向我们的不洁妥协——就像乞丐少女不能指望国王科菲图阿欣赏她的褴褛衣衫和脏兮兮的样子；②或者像一条狗，一旦学会如何去爱主人，就巴望主人容忍它在家里像野狗一样乱扑乱咬、邋里邋遢、随处造污。我们此时此刻所讲的“快乐”不是上帝的目标：不过，当我们不再妨碍上帝对我们的爱，我们就会得到真正的快乐。

不难预见，我的论证一定会遭到反对。我在前文保证

---

① 圣经《启示录》4:11。

② 《国王与乞丐少女》（*King Cophetua and Beggar Maid*）是英国艺术家伯恩·琼斯（Edward Burne-Jones，1833－1898）的名画，作品题材来自伊丽莎白时代的民歌，国王认为乞讨女正是他要寻找的圣洁的妻子，并且把他的王冠作为爱的回赠。——译注

过，在理解上帝的良善时，我们不必被要求去接受一种只是对我们自己的道德准则的颠倒。不过，有人可能会提出反对，说这种颠倒恰恰是我们应该做的。还有人会说，我所阐述的上帝之爱其实是人类称作“自私”或者“占有”的爱，它与那种希望被爱者快乐、不顾施爱者自己是否满意的爱形成了鲜明对照。我不敢肯定这是否符合我对人类之爱的理解。不过，我认为，如果一位朋友只在乎我是否快乐，却从不批评我的不诚实，这种爱根本不值得珍视。当然，我要说，欢迎提出反对意见，因为答复这些反对意见会为该论题带来新的亮光，同时也能修正上述讨论中的片面之词。

事实是，我们不能将利己主义的爱和利他主义的爱这一对互逆命题含糊其词地套用到神对人类的爱上。利益冲突以及自私与不自私仅仅适用于居住在同一世界上的人类：上帝不可能跟人类竞争，就像莎士比亚不可能跟薇奥拉[①]竞争一样。上帝道成肉身，降世为人，与他创造的人类一同生活在古代的巴勒斯坦地区，他的生命代表了最高境界的自我牺牲，因而才有了十字架上的受难。一位现代泛神论哲学家曾经说过：“当绝对主宰者落入汪洋，他会化作一条鱼。”同样，我们基督徒也可以指着道成肉身的事实这

① 莎士比亚戏剧《第十二夜》中的女主角。——译注

样讲，因为在这个事实当中，我们的上帝放弃了他作为神的荣耀，屈就于某些条件，这些条件对利己主义和利他主义做出了明确的界定，我们的主是全然利他主义的。不过，基于上帝的超越性，上帝代表了一切条件的无条件依据——因此，我们不能简单地从利他主义角度去认识这位上帝。我们之所以说人类之爱自私，是因为人为了满足自己的需要，会牺牲被爱者的需要——例如，父亲把孩子们关在家里，是因为他不愿意放他们进入社会，然而，为了孩子们着想，他们应该接触社会。这种情况说明，施爱者有某种需要或者情感，它与被爱者的需要相抵触，而施爱者却漠视或对被爱者的需要全然无知。不过，在上帝与人类的关系当中，上述情况绝对不会发生。上帝没有任何需要。柏拉图教导我们说，人类的爱如同一个穷乏的孩子——只知道索取和缺乏；它是由施爱者的需要和意愿决定的，施爱者认为被爱者已经具备或者应当具备良善的品性，他的“爱”才会被唤起。然而，上帝的爱则截然相反，他的爱不是被爱者的良善所唤起的，乃是要唤起被爱者的良善，因为爱人，上帝首先创造了人，然后使人变得真正可爱，尽管上帝的爱是专断的。上帝就是良善。他可以赋予人良善，却从不需要获得良善。在这个层面上，上帝的爱就其本质而言是“无我的”，并且不可测度；上帝的爱意味着给予一切，却从不索取。然而，有些时候，不会受伤害的上帝竟然像感情倍受折磨的人一样讲话，永不缺乏的上帝竟然像有所渴求一般发言，他所渴求的正是我们人类，是他亲手创造、又赐下万物的人类，那么，这只能表明一件事（如果我们能够理解的话）：上帝本身就是一个奇迹，他允许自己如此渴求，他在自己里面造了某样需求，只有我们才能满足这个需求。如果他对我们有所要求，这个要求也是出于他自己的选择。如果这位永恒不变的神为他制造的小木偶忧伤难过，这也是出于神的全能，出于一种超越了人类理解力的谦卑，除此之外，再无其他原因。如果说，世界之所以存在并非因为我们爱上帝，而是因为上帝爱我们，那么，这个事实在较深层面上说明，上帝是为了我们的缘故才爱我们。如果说，那永不缺乏的上帝选择需要我们，是因为我们需要被需要。从基督教的观点出发，我们不难得知，上帝与人类的种种关系前后都横亘着一道深渊，那就是上帝单纯的给予——上帝把无足轻重的人类抬举成为他所钟爱的对象，（从这个意义上讲）进而成为上帝需要和渴求的对象，除此之外，上帝一无所求，因为他就是一切良善，这是永恒的真理。上帝的给予也是为着我们的缘故。认识爱的本质于我们有益，认识最伟大的施爱者于我们最为有益。然而，如果我们仅仅认为我们是需求爱的一方，上帝是被需求的一方，我们寻求上帝，上帝被我们找到，即让上帝满足我们的需要，而不是我们去满足上帝的需要，那我们就大错特错了，是违背事物本质的。因为，我们只不过是受造之物，我们在神面前的地位相当于病人对药剂，女子对男子，镜子对光，回音对原声。对我们而言，最高形式的行为便是回应性的，而不是主动性的。因此，若要真实而非虚幻地经历上帝的爱，我们就必须顺服他的要求，服从他的意愿；否则，便违背了我们存在的本质。当然，我不否认，在某个特定层面上，我们谈论人的心灵对上帝的寻求并没有错，把上帝视为心灵之爱的接受者也没有错；不过，从长远来看，人类心灵对上帝的寻求只不过是上帝寻求人类心灵一种形式或者表象，因为，一切都出于上帝，就连我们对他的爱也是他赋予我们的，我们的自由只是进行或好、或坏回应的自由。所以，我想，最能把异教神观与基督教神观区分开来的莫过于亚里士多德的那句话："上帝自己是静止的，他使宇宙运转，就像被爱者推动施爱者一样。"①然而，基督徒却提出："不是我们爱神，乃是神爱我们……这就是爱了。"②

第一种情况，是所谓人类自私的爱，这种爱之所以存

---

① 《形而上学》(*Met*)，XII，第7页。

② 圣经《约翰一书》4:10。

在，是因为人的心里没有上帝。上帝没有任何自然需求，没有情欲，不会拿他的意愿去跟被爱者的利益竞争；或者说，即使上帝里面也有某种我们称之为感情的东西，一种渴望，那也是出于他自己的意愿，并且是为了我们的缘故。第二种情况也是由于缺乏造成的。孩子的真正利益可能跟父亲的愿望不同，因为孩子是独立的个体，拥有自己的需求，不单是为了父亲而存在，也不是为了得到父亲的爱而力求完美，对于这一点，父亲往往不能完全理解。不过，受造的人类却不是这样独立于创造者上帝之外，上帝也不可能不理解人类。他创造人类乃是在他对万物的计划之中，这就是人类受造的原因。当人类明白了自己的位置，他们的人性便得以完全，他们也会获得快乐：这就好比接好宇宙的断骨，痛苦便止息了。事实上，一旦我们想成为上帝所不喜悦的样式，我们就不可能得到快乐。对我们肉身的耳朵来说，神的要求与其说像是出自一位爱人，不如说像是出自一位暴君，其实，如果我们知道自己到底需要什么，就会发现，正是这些要求在引领我们向着正确的方向前进。上帝要求我们敬拜他，顺服他，向他俯伏。难道我们认为这样做能够给上帝带来好处吗？还是像弥尔顿在诗歌中描述的那样，担心人类对上帝的不崇敬会“减损神的荣耀”？人类拒绝敬拜神根本不能减损神的荣耀，这就好比一个疯子，尽可以在他斗室的墙上刻出“黑暗”这个词，却丝毫不能让太阳熄灭。上帝的意愿是要我们变得良善，我们的良善便是爱上帝（以受造之物应有的回应式的爱去爱他），我们要想爱上帝，就必须了解他；如果我们了解他，就会俯伏在他脚前。如果我们不了解上帝，那只能说明我们爱的不是上帝，而可能是我们幻想出来的近乎上帝的东西。然而，上帝不仅仅要求我们俯伏在他脚前、对他心存敬畏，还要我们反映出他的神圣来，要我们拥有他圣洁的品性，这些都大大超过我们眼下所求所想的。《圣经》命令我们要“披戴基督”，要变得像上帝；也就是说，无论我们喜欢不喜欢，上帝都将我们真正需要的——而不是那些我们自以为需要的——赐给我们。必须再次说明，上帝对我们的尊重让我们难以忍受，甚至感到尴尬，这是因为上帝对我们的爱太多，而不是太少。

然而，上述观点也许不完全符合事实。我们不能简单地认为上帝独断专行地创造了我们，好让我们把他当作我们唯一的良善。事实上，上帝是一切受造之物的唯一良善，从自然需要来讲，每一个人都必须在上帝的成就之中找到不同种类、不同程度的良善。种类和程度的不同取决于人的本性；然而，除了神之外，别无良善，如果有，那一定是一种梦想。乔治·麦克唐纳写道（我眼下找不到这段话的具体出处），上帝对人类说：“你必须靠着我的力量刚强，从我的恩惠得祝福。**因为我没有旁的可以赐给你**。"这便是本章的结论。上帝赐给我们的是他所拥有的，而不是他所没有的：他赐给我们的是来自他的快乐，而不是其他什么快乐。我们只有三种选择：第一是成为上帝，第二是以受造之物的回应来效法上帝、分享上帝的良善，第三是遭受痛苦。如果我们不愿意吃宇宙生长的唯一食物——这也是任何宇宙所能长出的唯一食物——我们就会永远忍饥挨饿。

第三章　人类的邪恶

当你承认自己卑微的时候，正是你应当自豪的时候。

——威廉·罗[①]

《严肃的呼召》，第十六章

上一章的众多例证说明，爱有可能给被爱者带来痛苦，不过，只有当被爱者需要改变自我、变得全然可爱时，这

① 威廉·罗（William Law，1686—1761），18世纪英国圣公会神学家，最知名的著作是《严肃的呼召》（*Serious Call*）。——译注

种情况才会发生。那么,我们人类为何需要改变呢?对此,基督徒的答案是,因为我们随从自由意志,极其败坏,这个答案众所周知,不必赘述。然而,要将该道理应用在现实生活中,应用在现代人身上,甚至现代基督徒身上,却绝非易事。当年,众使徒讲道时,认为听众(包括异教徒在内)应该真正认识到人类理应承受神的烈怒。异教宣讲的神秘理论企图削弱这一认知,起源于欧洲的某些哲学则扬言,人类可以免受永远的刑罚。在这种背景下,基督教福音成了大好的消息。它所传递的信息是,"尽管人类道德败坏,却仍能得到心灵的医治"。然而,今天,基督教却不得不先对人类灵魂的症结进行诊断,然后才宣讲如何医治,对于基督教本身而言,这不啻为一个坏消息。

造成这种现象的原因有两个。首先,一百多年来,我们一直过于关注一样美德——"仁慈"或者"慈悲",不过,对于什么是真正的良善,什么是真正的邪恶,我们当中的大多数人毫无概念。这种失衡的道德观屡见不鲜,在以往的各个时代,人类也曾偏爱某些美德,却对其他美德异常无知。如果说人类认为有一样美德要以牺牲其他美德为代价的话,这便是"仁慈";每个基督徒都必须以厌恶的心情反对一种做法,那就是打着"人道主义"和"慈悲为怀"的旗号把良善扫地出门,这种做法实际上是暗地里鼓吹"人性残忍"。真正的麻烦是，我们在缺乏充分依据的情况下，便轻而易举地把“仁慈”纳入自己的品德列表。如果此时此刻没有受到激怒，每个人都觉得自己很“仁慈”。因此，尽管人具有种种邪恶的本性，却极容易进行自我安慰，满脑子都是“我的心十分端正”、“我连一只苍蝇都不会去伤害”，然而，事实上，他从未对自己的同类做出半点牺牲。我们认为自己很善良，其实我们不过是沾沾自喜：从这个基础上讲，要认定自己温和、纯洁、谦卑，可就没那么容易了。

第二个原因是心理分析对公众心态造成的影响，尤其是所谓“压抑”和“抑制”理论，这些理论让人们以为，羞耻感是危险的、有害的。为了克服羞耻感，克服隐瞒的欲望，我们费尽心机，因为，无论是人的本性还是人类传统，都习惯于把这两者跟懦弱、不洁、谬误、嫉妒联系在一起。我们接受的教育是“把事情公开”，不是出于谦卑，乃是因为这些“事情”稀松平常，根本不会引发我们的羞耻感。不过，只有当我们产生羞耻感时，我们对自己的认知才是唯一正确的，否则，基督教便成为谬论了；就连异教团体也将“羞耻感”视为灵魂的深渊。为了根除羞耻感，我们不惜破坏自己心灵的壁垒，并且像特洛伊人推倒城墙、引木马入城时一样喜不自胜。我认为，人类的当务之急便是重建羞耻感。把除去伪善的诱因当作除去伪善本身，实乃不智之举：沦陷于羞耻之下的“坦诚”其实是十分廉价的。

恢复古老的羞耻感对基督教信仰至关重要。耶稣基督深信，人类是恶的。我们属于基督要拯救的世界，然而，如果我们没有真正认识到他的看法是正确的，就无法听取他的训导。换言之，我们缺乏理解基督训导的先决条件。一旦人类缺少犯罪感，即使成了基督徒，也注定对上帝怀有某种怨恨，就像我们怨恨一个莫名其妙发怒的人一样。比方说，牧师在宣讲如何悔改，一位垂死的农夫回应道：“我到底怎样伤害了上帝？”我们当中的大多数人会暗自同情这位农夫。这里，我们遇到了问题的关键。我们对上帝所犯的最大错误便是对他置之不理。为什么他不能把尊重还给我们？为什么上帝不能执行这条至理名言——“我活着，让别人也活着。”在芸芸众生面前，上帝有什么必要“发怒”？要知道，上帝不费吹灰之力就能做到良善呀！

此时此刻，如果一个人真正产生了犯罪感（这样的时刻在我们一生当中简直是少之又少），便会戒绝一切亵渎上帝的言词。犯罪感乃是这样：我们用人性的弱点来解释自己的许多行为，但是，我们意识到自己的某种行为解释不通，我们的朋友都不会做出这种丑事来，甚至像 X 先生那样十足的无赖都会为此感到羞愧，我们绝不敢把这种行为公之于众。只有在这样的时刻，我们才能确知，透过这种行为暴露出来的个性为所有人，也应该为所有正直的人所唾弃。如果人类之上存在神灵，那也将为他们所唾弃。如果上帝对我们这种行为并没有深恶痛绝，那上帝就不是好上帝了。我们可不希望上帝这样，这就好比希望普天之下所有人的鼻子都坏掉，就无法感受干草、玫瑰和海洋的迷人气息就再也不能令我们愉快，因为我们自己的呼吸是恶臭的。

如果我们只是口里承认自己败坏，便会将上帝的惩罚视作残暴的条例；一旦我们真正认识到自己的败坏，才会将上帝的惩罚视作上帝良善的必然结果。如我所言，认识自我的时刻产生真正的洞察力，要确实理解基督教信仰，就必须保持这样的洞察力，挖出复杂伪装下面隐藏的难以饶恕的恶行。当然，这并不是什么新鲜道理。在这一章，我并不打算探讨那些宏大的主题。我只是试图让我的读者（以及我本人）跨过这座“笨人桥”，接触一个初学者难解的问题——迈出第一步，出离愚人的乐园和全然的虚幻。不过，在现代社会，虚幻仍在滋生，并且茁壮成长，因此，我必须小心谨慎，才不会令现实显得难以置信。

1. 我们容易被事物的表象所蒙蔽。如果用 Y 先生来指代那些大家所公认的体面人物，我们会认为自己不比 Y 先生差多少，至少比那个令人讨厌的 X 先生强得多。实际上，我们可能是被表象蒙蔽了。别太过自信，你的朋友不一定认为你跟Y先生一样好。事实上，你拿Y先生当参照物的做法本身就非常可疑：他可能比你自己和你圈子里的朋友都优秀很多。至于Y先生的外表具有多大欺骗性，那是Y先生和上帝之间的事情。你是否觉得这是个把戏，因为我可以对Y先生和其他人讲同样的话。然而，这恰恰是问题的关键。无论我们每个人看上去多么圣洁、多么自负，我们都不得不拿别人的外在表现"当作行为样板"：我们很清楚，其实，那个人里面的某些品性十分恶劣，比他在公开场合最疏忽的表现和最散漫的言词还低下许多。例如，你的朋友忽然显得吞吞吐吐，此时，你作何感想？我们从来不曾将全部真相和盘托出。我们可能会承认一些丑陋的事实——承认最卑鄙的怯懦或是最不堪、最乏味的不洁之念。这种承认本身也许表现为虚伪的一瞥，或者唐突的幽默，所有这些小花招只能让你自己远离事实。没人猜得出你对这些行为多么熟悉，或者说你的心跟这些行为多么契合，这样的行为在你里面到底占多大的份额。你从心底渴望自己是一个热心良善的人，然而，只有在你开口叙述这些行为的时候，你才发现，原来它们一直梗在你心里，显得那么怪异，跟你余下的自我那么格格不入。我们常常把习惯性的恶行当作例外行为，当作突发性错误，认为它们有悖于我们的优秀品德，并且常常把这种看法挂在嘴边，就像一个糟糕的网球选手，总是抱怨自己“发挥失常”，其实他发挥得再正常不过了，反过来，他又总是把偶然的成功当作自己的正常水平。我们无法讲出自己的真实情况，依我看，这倒并非我们有意犯错，乃是因为我们里面充满了轻蔑、嫉妒、淫乱、贪婪和自满，这些念头绝不肯化为言语暴露出来。关键在于，我们的言语一向具有局限性，我们不应该误以为它能充分坦白我们里面的邪恶。

2. 针对个人道德观的社会良知正在复苏，这种反应本身并无害处。我们觉得自己身陷邪恶的社会之中，因而萌生了社会犯罪感(corporate guilt)。这是事实；不过，仇敌恰恰利用某些事实来欺骗我们。我们应当警醒，恐怕自己因过于注重社会犯罪感而忽视了单调、老套的个人犯罪感，个人犯罪感跟“社会”扯不上关系，对付个人犯罪感根本不必等到千禧年。因为，我们不可能也不应该把社会犯罪感跟个人犯罪感混为一谈。其实，我们当中的大多数人是用社会犯罪感当作借口，以此来逃避真相。当我们真正认识到个人的败坏，才能开始思考社会犯罪感，而且不可思考太多。我们必须先学走路，再学跑步。

3. 我们以为时间可以掩盖罪恶，这完全是不切实际的幻想。据我所知，有些人(包括我本人在内)可以对童年的残忍和恶行侃侃而谈，仿佛事不关己一般，兴致所至，甚至开怀大笑。然而，时间根本不能掩盖恶行，也不能抹杀犯罪感。只有忏悔和基督的宝血能够洗刷犯罪感：如果我们愿意承认这些早年犯下的罪，我们便会将自己姑息罪恶的代价铭刻在心，并且谦卑下来。难道有任何东西能够掩盖罪行本身吗？任何时间阶段在上帝眼中都是永恒不变的。难道这位无处不在、自在永在的神不能沿着某条时间脉络洞悉你的一切吗？他永远晓得你年幼时曾经拔掉苍蝇的薄翼，永远晓得你在学校里如何阿谀、撒谎、贪婪，永远晓得你有时胆小怯懦，有时却像陆军中尉一样傲慢无礼。也许，上帝的救赎并不在于抹去这些永恒的片断，而在于让你担负起犯罪感，并且由此获得人性的完美，因为上帝的垂怜而欢喜快乐，以坦白罪恶为满足。在某些永恒的瞬间，我们的圣彼得也曾犯罪（如果我说了错话，希望他原谅），他曾三次不认主。果真如此的话，照着我们眼下的光景，属天的喜乐应该是一种“后天嗜好”——而某些生活方式会令我们失去获得这种感受的可能性。也许，无法获得这种感受的是那些不愿置身于公开场合的人。当然，我不确定事实是否就是如此，不过，我认为，我们应该珍视获得属天喜乐的可能性。

4. 有人认为“法不责众”，对于这种论调，我们必须保持警惕。基督教认为，人是邪恶的，有人觉得这很自然，因此，人作恶是情有可原的。如果所有男生都没有通过考试，学校主管一定认为考试题目太难，直到他们发现其他学校有 90％的男生顺利通过题目相同的考试，他们这才开始怀疑问题不在出题者身上。同样，我们当中有许多人曾经存在于某个社会圈落里——在某间中学、大学里读书，跟某些人结交，从事某种职业，而这个圈子里的风气实在恶劣。在这个圈落内部，人们觉得某些行为很正常（大家都这么做），认为其他有道德的行为根本不切实际、是堂吉诃德式的幻想。然而，一旦我们走出那个小圈落，便立刻发现一个惊人的事实：在外面的大环境中，我们所谓的“正常”是一个体面人想也不敢去想的，而我们所谓的“堂吉诃德式行为”是大家公认的起码道德操守。那些让我们在小圈落里感到不安的“病态”、“疯狂”行为如今成了唯一正常的举动。实际上，全人类（作为宇宙的一小部分）就像一个邪恶的小圈落，一间糟糕透顶的中学，或是一群糟糕透顶的人，在这个小圈落里面，起码的道德被视作英雄式的美德，十足的败坏被视作情有可原的缺点。那么，除了基督教教义以外，有没有其他证据能揭示这种现象呢？我想是有的。首先，我们当中总有一些清高的人，他们拒绝接受小圈落里的道德规范，疾呼人们的行为应该截然相反。第二，更有甚者，无论这些人如何被时空所分隔，都拥有一个共同的基本道德观——他们仿佛接触过小圈落外面的公众观点。琐罗亚斯德[1]、耶利米[2]、苏格拉底、乔达摩·悉达多、耶稣基督[3]、马可·奥勒留[4]便是这样，他们拥有某些显而易见的共同之处。第三，即使是现在，我们自己也认同有道德的行为，只是没有人去身体力行。甚至在小圈落内部，我们也不敢说公义、仁慈、忍耐、温良等品德毫无价值，不过，我们认为，只有小圈落习俗才是公正、勇敢、温良、仁慈的，才合情合理。在这个圈落内部遭到忽视的某些规则似乎跟外面的世界有着某种关联，一旦时候到了，我们便必须面对外面世界的公众舆论。然而，最糟糕的是，我们不得不承认，恰恰是那些我们眼下认为不切实际的品德才能拯救人类脱离灭顶之灾。外面世界的观点进入了我们的小社会圈落，与小圈落内部的条件息息相关——两者之间的关系是如此密切，以至于我们可

---

① 又译查拉图斯特拉(Zarathustra，约公元前628—前551年)，古代波斯宗教改革者，琐罗亚斯德教的创始人。——译注

② 以色列先知，圣经《耶利米书》的作者。——译注

③ 我之所以把道成肉身的主跟人类的精神导师相提并论是为了强调一个事实：主跟那些人类导师之间的区别不在于道德训导本身(这正是我在此关注的问题)，而在于主的位格和使命。

④ 马可·奥勒留(Marcus Aurelius，公元121—180)，全名为马可·奥勒留·安东尼·奥古斯都(Marcus Aurelius Antoninus Augustus)，著名的帝王哲学家。他是罗马帝国五贤帝时代最后一个皇帝，161年至180年在位。代表作是《沉思录》(*Meditation*)——译注

以说，只要人类能够将那些美德持守十年，整个地球直至地极便会充满了和平、健康、欢愉、舒畅，而这一切是人类其他行为所无法带来的。在这里，小圈落规则往往被置之不理或者被当作实现人格完善的忠告：不过，即使是现在，那些懒于思考的人也明白，如果我们依然忽视小圈落规则的存在，一旦遭遇仇敌，我们便会付上生命的代价。因此，我们倒是应该羡慕那些“病态”的人，那些迂腐的人，那些教战友射击精准、深挖战壕、节约饮水瓶的“激进分子”。[①]

5. 在某些人眼中，这种与大环境形成鲜明对照的小圈落并不存在，我们也不可能去体验。我们还没遇到过天使，或者未曾堕落的族类。不过，我们从自身这个族类便可获知某些真相。不同时代、不同文化都可以被视为“小圈落”。我在前面讲过，不同的时代拥有不同的突出美德。如果你认为我们这些现代西欧人不会如此败坏，我们还是相当人道的——如果你以此为依据，认为上帝对我们很满意，那么，你可以扪心自问，你真的相信上帝会因为各个时代崇尚勇敢或贞洁，就对各个残酷时代的残酷行为感到满意吗？

---

① 由于作者写作本书时正值二战时期，此处的“激进分子”是指军队中的传统人士，作者指出，这些人往往被视作“病态”的“激进分子”，其实，他们恪守原则的做法是值得我们学习的，可以帮助我们抵制小圈子里的恶习。——译注

你会立即发现，这是不可能的。当你觉得我们的祖先残酷时，你不妨想想他们对我们的软弱、世俗、胆怯如何看待，再想想上帝对他们和我们又如何看待。

6. 我反复唠叨“仁慈”这个词，也许有些读者要抗议了。难道我们果真处在一个残酷的时代吗？也许这是事实：不过，依我看来，我们一直企图把所有美德压缩成“仁慈”。柏拉图教导世人，仁慈只是一样美德。如果你不具备其他美德，你不可能是一个仁慈的人。你懦弱、自负、懒惰，但你觉得自己至少未曾对别人造成严重伤害，其实，那不过是因为邻舍的利益跟你的安全、自夸和逍遥自在没有发生冲突。每个恶行必然演变为残忍。即使是良善的感情，譬如怜悯，如果不能用仁慈和公义加以约束，也会发展成愤怒，最后变为残忍。大多数残暴行为是被敌人的残暴行为激起的；一旦脱离了整体道德规范，对被压迫阶级的同情也能自然而然地升级为恐怖统治带来的持续不断的暴行。

7. 一些现代神学家曾经反对过分从道德角度诠释基督教信仰，他们的做法是完全正确的。他们指出，上帝的神圣远远超越了道德上的十全十美：上帝对我们的要求不同于道德义务，而更胜于道德义务。这一点我不否认：不过，这种观点像社会犯罪感一样，容易被人利用，成为某些人逃避现实的借口。上帝超越了道德良善；而不是低于道德良善标准。要到达应许之地，必须先经过西奈山。[1] 道德规范似乎是为了被超越而存在的：不过，有些人从一开始就不承认道德规范，却又拼命努力，想要达到道德标准，结果必然一败涂地，这些人是不可能超越道德规范的。

8. “人被试探，不可说，我是被神试探。”[2]许多思想流派都鼓励我们推卸责任，归咎于人类生命本性中的某些必然因素，进而直接归咎于造物主。此类学说当中最流行的当属进化论，按照进化论观点，我们人类的邪恶遗传自我们的动物祖先，是无法避免的；另一种流派便是理想主义，它指出，人类之所以败坏是由于人类自身的局限性。如果我没有领会错的话，根据使徒保罗的书信，基督教认为，尽管道德规范铭刻在我们心中，甚至在生理层面上也是绝对必要的，然而，人类不可能完全遵行道德规范。这便引发了关乎人类自身责任的难题——我们当中的大多数人是否能够百分之百遵行道德规范。在过去的二十四小时内，你我都有可能在某种程度上违反了道德规范。然而，我们不能把最终问题当作逃避现实的借口。比起使徒保罗提出的问题来，威廉·罗的一席话更让大多数人提心吊胆，“如果你停

---

① 《圣经》中记载上帝赐下十诫的地方。——译注

② 圣经《雅各书》1：13。

下来，扪心自问，为何不能像最初的基督徒那般敬虔，你的心会告诉你，不是因为无知，也不是因为无能，乃是因为你从未起意要敬虔。”①

如果有人认为本章是对人类完全堕落的重述，那便误解了本章主旨。对于完全堕落理论，我并不赞同。原因之一是，从逻辑上讲，如果人类真的完全堕落（Total Depravity），我们便不可能认识到自己的堕落；原因之二是，经验告诉我们，人类本性当中有许多良善的成分。我也不赞同所谓普世痛心理论（universal gloom）。我们不应把羞耻感当作感情，而应视之为羞耻心引发的洞见。我认为，每个人都应该在心中永远珍藏这种洞见：不过，引发这种洞见的痛苦感是否值得鼓励，这实在是一个灵修的专业问题，身为平信徒，我没有受到什么呼召要深入阐述。根据我个人的看法，无论痛苦感出自对具体罪行的悔过，还是出自急于进行挽救、补偿的心态，又或者出自帮助和怜悯的热望，从根本上说都不好；我想，除了别的罪，我们全都犯了一样罪，那就是，我们毫无必要地违背了使徒关于“喜乐”的训导。一开始，谦卑会使我们的心灵受到震动，此后，它便成为一种令我们喜乐的美德：只有那些心高气傲、不信神的人才会感到

① 《严肃的呼召》，第二章。

沮丧，因为他们绝望地试图维持对人性的信仰，却一次又一次地遭遇理想的幻灭。其实，我一直试图从思想角度而非感情角度去阐释这个问题：我希望本书读者相信，目前，我们的某些个性是上帝所厌恶的，实际上，即便对我们自己而言，这些个性也是十分可怕的。我相信，这是一个事实，并且，我注意到，随着一个人变得越来越圣洁，他对这一事实的认识也就越来越深刻。也许，你认为诸位圣人的谦卑不过是一种敬虔的假相，为的是讨上帝的欢心。这是最危险的谬论。一方面，它具有理论上的危险性，因为你把一种美德（即完美）当作毫无意义的假象（即不完美）。另一方面，它具有实践上的危险性，因为它鼓励人们把对自身败坏的崭新洞见当成新的光环，套在自己愚蠢的头上。万万不可；我敢说，当圣人称自己卑微的时候，他们是在以科学精确性重复着事实。

那么，人类的邪恶是如何产生的呢？在下一章，我将按照我的理解，从基督教角度回答这个问题。

第四章　人类的堕落

理智心灵应尽的最大本分是顺服。

——《蒙田随笔集》[①],II,xii

针对上一章提出的问题,基督徒的答案是人类的堕落。根据这一教义,无论在上帝和人类自身眼中,人类都变得极

① 米歇尔·埃凯姆·蒙田(Michel de Montaigne,1533－1592),法国文艺复兴后期著名的人文主义思想家、随笔作家。主要著作有《随笔集》三卷。本书是作者的思想记录,涉及生活的各个层面,诸如友谊、爱情、教育、善恶、生死、信仰等,有“生活的哲学”之称。——译注

其可憎，成为跟整个宇宙如此不协调的族类，人类之所以这样，并不是上帝创造的结果，而是由于人类滥用自由意志。在我看来，这一点才是人类堕落教义的唯一功用。它有力地驳斥了两种关于邪恶根源的次基督教学说。第一种是一元论（Monism），认为上帝超越了“善与恶”的范畴，他公平地创造了我们称之为“善”和“恶”的两个对立面。第二种是二元论（Dualism），认为上帝创造了“善”，与此同时，另一种跟上帝平起平坐的独立的力量创造了“恶”。针对这两种观点，基督教提出，上帝是良善的，他创造的万物也都是好的，他的造物之工乃是为了万物的好处；他所创造的其中一样美物便是具有理性的人类自由意志，这一自由意志从根本上说包含了邪恶的可能性；人类既拥有这样的可能性，便成了恶的。我认为这是人类堕落教义的唯一功用，有些时候，人们觉得人类堕落教义还显示出另外两个功用，我不同意这种看法，既然如此，我们就必须把它跟那另外两个功用区别开来。第一，有人认为人类堕落教义回答了如下问题——“上帝创造是否比不创造好？”；对于这个问题，我在前面章节已经予以否定。既然我相信上帝是良善的，我便可以断言，如果上述问题有意义的话，那么，答案一定是肯定的。不过，我怀疑上述问题是否具有任何意义；即或有意义，人类也不可能凭借自身的判断力做出回答。第二，有人认为人类堕落教义可以被用来解释一件事情，那就是，从“因果报应”的角度来讲，人因为其祖先犯下的罪而受罚是公平的。其他宗教的某些教义体现了这一观点，不过，按照其倡导者的理解，它们是否真的旨在阐述“因果报应”，我对此深表怀疑。有时候，早期教会的教父们会说，我们因为亚当所犯的罪而受罚：其实，在更多时候，他们说的是“我们在亚当里面犯了罪”。[1] 这句话的真正含义恐怕无从查考，要么，我们可以干脆认定教父们言之有误。但是，依我看，我们不能不去思考他们这种以“特定用语”讲话的方式。无论是聪明还是愚拙，总之，他们相信我们“的确”跟亚当的罪有牵连，这绝不只是合乎逻辑的想象。教父们为了传达这一信念，才说“我们在亚当里面犯了罪”，如果说，他们用“亚当里面”这个说法，是具有实体意义的——是把亚当作为“不朽物种”的第一个载体，这恐怕令人难以接受；然而，人们必然会产生进一步的疑问，这种观点本身究竟代表了一种困惑还是对超越人类掌控范围的属灵世界的真实洞见？此时此刻，这个问题还没有出现；现代人的无能是从其祖先那里一路遗传下来的，正如我先前所言，我无意论证这是否是

---

① 参见圣经《罗马书》5:12：“这就如罪是从一人入了世界，死又是从罪来的，于是死就临到众人，因为众人都犯了罪。”——译注

“因果报应”的样本。对我来讲,它恰好说明了创造一个稳定世界所必须的一切,这一点我们在第二章已经讨论过了。当然,上帝可以制造神迹,消除人类第一次犯罪招致的恶果,这是毋庸置疑的;不过,这样做未必带来什么好处,除非上帝已经打算清除人类第二次、第三次犯罪的恶果,并且永远清除下去。一旦神迹停止,我们早晚还是会落入目前的可悲境地:如果上帝继续行神迹,这个世界会一直因为上帝的干预而得到支持和更正,那么,人类在世界上的选择就会变得无足轻重,而选择本身也失去了意义,因为,摆在你面前的任何选择都不会导致特定的结果,这样一来,选择便不再成其为选择。正如我们所看到的那样,棋手下棋的自由其实依赖于棋盘的固定格局和下棋的严密规则。

刚才,我们专门探讨了人类堕落教义中最重要的一点。现在,让我们来思考这一教义本身。圣经《创世记》当中记载了一个分别善恶的神奇苹果的故事(其含义极其深广);不过,在发展了的人类堕落教义中,这个神奇的苹果似乎被抛出了人们的视线之外,而故事本身仅仅围绕着“背叛”这一主题。我其实非常尊重某些异教神话,然而,我更加尊重《圣经》中记载的神话,因此,对于强调神奇苹果本身的叙事版本,我丝毫也不怀疑,这个版本把生命树和分别善恶的树联系在一起,而另一个版本则只把苹果当作顺服的信物,显然，第一个版本要比第二个版本深刻、细腻得多。然而，我认为，圣灵不会让第二个版本在教会里流传如此之广，也不会让它赢得那些伟大传道人的认同，除非这第二个版本也是真实的，并且有用。我们要讨论的正是第二个版本，因为，尽管我觉得第一个版本含义更加深远，但是，我有自知之明，晓得自己无论如何也不可能透视其全部深刻内涵。因此，我所要呈现给读者的，不是“绝对”最好的，乃是“据我所知”最好的。

在发展了的人类堕落教义中，上帝创造的人是全然良善、全然快乐的，然而，他却背叛了上帝，一下子变成了我们现在看到的样子。许多人认为，现代科学已经证明这种观点是错误的。“我们现在知道，”他们声称，“人抛弃了起初的良善和快乐，堕落犯罪，从那以后直至今日，人的野蛮和残忍是在漫长岁月中逐渐形成的。”这番话完全把我搞糊涂了。有些时候，野蛮和残忍这类词汇不过是一种修辞手法，借以表达斥责之意，另一些时候，这类词汇则具有科学意味；反对人类堕落教义的伪科学理论恰恰建立在对上述词汇两种用途的混淆之上。如果你说人类生来残忍，你的意思是人是从动物进化来的，我姑且不去反驳。然而，这并不意味着越往古代，人越残忍（残忍在这里指的是邪恶和卑鄙）。动物不具备道德操守：不过，我们不能因为人类行邪恶的事就说动物也行恶。相反,不是所有的动物都像人一样残忍地对待同类,不是所有的动物都像我们一样贪婪、好色,没有一种动物像我们一样野心勃勃。同样道理,如果你说人类起初都是"野蛮人",你的意思是他们的艺术品少得可怜,并且粗笨不堪,就像现代的所谓"野兽派"艺术家一样,你可能是对的;然而,如果你的意思是早期的人类淫荡、凶残、冷酷、诡诈,这种说法便缺乏足够的证据,原因有以下两个。第一,现代人类学家和传道人比起他们的父辈更不愿认同你对"野蛮人"甚至现代"野兽派"的微词。第二,你不能仅凭早期人类的艺术品就推断他们在各个方面都跟当代"野兽派"艺术家一样。关于史前人类的研究似乎会想当然地导致某种凭空臆想,对此我们必须提高警惕。正因为史前人类生存在史前时代,我们只能通过他们制造的器具去了解他们,而这些器具不过是后人从他们制造的众多耐用品中随机获取的。考古学家缺乏更好的证据,这不是他们的错:不过,由于缺乏证据,人们反而容易不停地推断,远远超过了我们应该推断的范围,也就是说,人们往往假设能够制造高级艺术品的人群在一切方面都更高级。显而易见,这种假设是完全错误的;它容易导出一种结论,那就是我们这个时代的享乐阶层在一切方面都比维多利亚时代的人更高级。其实,制造最差劲陶器的史前人类也可能制造出最精美的陶器，只是我们不知道罢了。如果我们把史前人类跟现代“野兽派”进行比较，上述假设就显得更加荒谬了。两者的艺术品或许同样粗糙，然而，这并不能说明制造者是否具有聪慧和美德。无论初学者的个性如何，要想在不断尝试和不断失误中学习，就要从拙劣粗糙起步。比方说，一个陶罐能证明其制造者是一位天才，因为它是世界上第一个陶罐；但是，如果一个陶罐是在人类有了数千年制陶历史后才问世，它或许只能证明其制造者是个笨蛋。现代人往往根据用于偶像崇拜的艺术品来对原始人进行推测，其实，那正是我们人类文明的一项集体罪恶。除了三氯甲烷之外，我们忘记了自己史前祖先的重大发现。正是由于他们的发现，我们才有了语言、家庭、衣服、使用火和驯养家畜的方法，才有了汽车、轮船、诗歌和农业。

所以，科学既不能证明也不能反驳人类堕落教义。一位现代神学家提出了一个更加高深的哲学难题，让所有哲学系的学生受益匪浅。[1] 这位神学家指出，罪的概念预先假定了罪所违背的律法的存在：经过无数个世纪，人类的“群体本能”(herd instinct)才能形成习俗，习俗进而固定为

[1] N. P. 威廉，《堕落与原罪论》(*The Ideas of the Fall and of Original Sin*)，第 516 页。

律法，因此，第一个人（如果可以这样称呼的话）不可能触犯最初的罪。这一论点认为，品德和群体本能恰好相符，最初的罪从根本上说是社会的罪（social sin）。然而，基督教传统教义认为，罪是指违背上帝，是一种背叛行为，而不是指干犯邻舍。当然，如果有人告诉我们人类堕落教义的真正含义，我们就必须从更深刻、更不受时间限制的层面上去理解原罪，而不仅仅把它理解为社会道德犯罪。

圣奥古斯丁指出，罪是骄傲的产物，是一个人（即一个具有依赖性的个体，其存在性并非透过他自己，而是透过他人得以体现）试图自己完成某种行动，以满足自己存在的需要。[①] 这样的罪不需要任何社会条件，也不需要任何丰富的经验，更不需要任何伟大的知识发展。一旦一个人认识到上帝是上帝，自己是自己，他便面临着可怕的抉择——选择上帝还是选择自己。不仅仅是年幼的孩子，那些无知的父母和老于世故的人每天都会犯这条罪，其中，个人绝不比社会群体少：它是每个人生命中的堕落，是每个生命每一天的堕落，是所有具体罪恶背后根本的罪。此时此刻，你我要么正在犯这条罪，要么即将犯这条罪，要么正为犯了这条罪而忧伤痛悔。每当我们醒来，我们总是试图把新的一天放

① 《上帝之城》（*De Civitate Dei*），XIV，xiii。

在上帝脚前;然而,我们还没有刮完脸,它就成了“我们自己的”一天,我们觉得上帝在这一天中所占的分量就像当缴纳的贡金一样,得由我们自己掏腰包,觉得本应“属于自己”的时间打了折扣。好比一个人刚开始一份新工作,颇具使命感,也许第一个星期他还觉得失去这份工作便是他的末日,从上帝手中接受快乐和痛苦,当作“出乎意料之事”。然而,到了第二个星期,他渐渐摸清了门道;到了第三个星期,他已经从整项工作中发掘出自己的计划,在他实施该计划的时候,他觉得自己只是在行使权力,一旦无法实施,就认定是受到了干预。又好比一个男人,由于不假思索的冲动,上前拥抱自己的情人,本来内心充满了良善的愿望,巴不得不要忘记上帝的存在,结果却莫名其妙地感受到男欢女爱的兴奋;不过,在他第二次拥抱情人时,可能清醒地意识到自己是在享受性爱之乐,第二次拥抱是为着某种目的,可能是下滑的第一步,如果一路滑下去,便会跌入堕落的谷底,因为,他把同类当成一件玩物,一台用来满足情欲的机器。这样一来,在每个行为当中,原本无辜的愿望、对神的顺服、应对一切的从容便荡然无存了。为着上帝的缘故所产生的思想(就像我们在上述情况下产生的思想一样)依然存在,不过,这些思想起初是其本身的最终目的,接着,我们自己的思想乐趣成了最终目的,最后,我们自己的骄傲和名声成了最终目的。因此，整个一天，整个一生，我们都在下滑、失足、跌倒，那时，上帝在我们心目中仿佛成了一个光滑的斜面，一旦开始下滑，我们便无法停下来。实际上，我们必定要滑倒，因为我们的本性使然，既然罪是不可避免的，我们便觉得罪可以姑息。然而，上帝创造我们绝不是要我们如此任意妄为。我们应该知道，我们受到引诱远离上帝，转而回归"自我"，这一切都是堕落的恶果。当人类堕落的时候，到底会发生什么，我们不得而知；不过，如果可以猜测的话，我心里有这样一幅画面——它是一个苏格拉底式的"神话"，①一个绝非不可能的故事。

经过数个世纪，上帝令一种生物变得日趋完美，赋予他人性，使他成为上帝形象的载体。他给了这种生物一双手，并且让他的大拇指跟其他手指灵活配合，还为他造了下颚和牙齿，并造了咽喉好让他能够发声，又给了他一个足够精密的大脑，可以通过物质运动完成理性思维。这种生物可能在这样的状态下生存了很久，然后才成为人：他甚至拥有

---

① 这里所指的是历史事实，不可混同于尼布尔博士[莱茵霍尔德·尼布尔(Reinhold Niebuhr，1892—1971)，20世纪美国最有影响力的神学家、思想家、新正统派神学家。主要著作有《人的本性和命运》(*The Nature and Destiny of Man*)。——译注]所说的"神话"(对非历史事实的象征性叙事)。

了聪明智慧，可以制造各样器具，现代考古学家根据这些器具推断出他具有人性。然而，他不过是一种生物，因为他的一切生理和心理活动都是为着纯粹的物质需要和自然需要。然后，经过了漫长的岁月，上帝从心理和生理上同时赋予这种生物一样新东西——对“我”的意识，这种意识可以把“我”视为客体，晓得上帝的存在，能够对真假、美丑、善恶做出判断，甚至超越时间概念，懂得时光流逝、岁月如风。新的意识完全驾驭了这种生物，启迪了他，使他每个部分都充满光明，跟我们不同的是，他不再受大脑这个单一器官的限制。于是，人拥有了完全的意识。不知是真是假，反正那些现代瑜伽修行者宣称，他们可以控制我们所认为的某些外化功能，例如人体的消化和循环。其实，第一个人因着得天独厚的条件，也拥有这样的能力。他的五脏六腑不是按照自然法则，乃是按照他的自我意志在运转。他的机体将各种欲望交给他的自由意志去判断，不是因为必须如此，乃是因为他要如此。跟我们不同，对他而言，睡眠不是一种迷迷糊糊的状态，而是思想意志的休憩——他仍然保持着清醒，一面享受乐趣，一面履行睡眠的职责。同样，他的人体组织不断衰败又不断更新，这些过程都是有意识的，遵从了他的意志，因此，说他能够决定自己寿命的长短并不是凭空幻想。他不仅完全控制了自我，还能够控制他身边的低等生物。即便是现在,我们也能碰到一些世间罕有的高人,他们拥有某种神秘的能力,可以驯服野兽。因着得天独厚的条件,伊甸乐园里的人也具备这种能力。各种动物在亚当面前嬉戏,向他承欢讨好,这幅古老的画面不只具有象征意义。即便是现在,只要动物们有幸得到一个合理机会,它们当中有很多都会对人类景仰崇拜,远远超过你的想象:譬如,人受造成为动物们的牧师,或者,从某种角度说,成为它们的基督,这样一来,人便成了一种媒介,透过这个媒介,动物们的非理性本能可以感受到上帝的光辉。这样的人绝不会把上帝视作下滑的斜面。这种新意识是要人去依赖他的创造主,他也的确这样做了。然而,关于对同类的仁慈与友爱、性爱,对动物的爱和对周遭世界的爱(一开始,在人眼中,这个世界是美妙而可畏的),无论一个人的经验多么丰富,上帝在他的爱和他的思想里面永远居首位,他这样做纯粹是出于自觉自愿,没有丝毫的痛苦挣扎。通过周而复始的完美过程,上帝将存在、能力和喜乐这三样东西作为天赋赐给人,人反过来用顺服的爱和欣喜若狂的仰慕来回馈上帝:从这个意义上讲,尽管不是所有人,人的确是上帝之子,是基督的原型,在全身心的喜乐安适当中完美地体现出"子"的自我牺牲,这种自我牺牲正是主耶稣在十字架受难中所完成的。

仅从其手工艺品和语言来看，这种蒙福的生物无疑是野蛮人。一切经验和实践都在告诉他：还有很多东西需要学习。例如，他敲凿出的燧火石还很笨重；他可能无法用语言从概念上描述他在伊甸乐园的经历。不过，这一切都不是问题的关键。我们都记得，从孩提时代起，在大人们认为我们能够“理解”事物以前，我们已经拥有心灵体验，它是那么单纯，那么珍贵，更重要的是，它拥有极其丰富的事实依据。我们知道，基督教信仰本身具有一个层面，一个从长远角度看唯一重要的层面，在这个层面上，单纯的人和孩童比博学多才者和成年人更有优势。我敢肯定，如果伊甸乐园里的人突然出现在我们面前，我们一定会把他当成一个十足的野蛮人，一个可以利用的受造之物，稍好一点的，顶多视之为我们施恩庇护的对象。在我们当中，只有一两个圣人会向这个赤身裸体、鬓须蓬乱、言语迟缓的人看第二眼：然而，片刻之后，他们就会在这个人脚前俯伏拜倒。

我们不晓得上帝创造了多少这样的人，也不晓得他们在伊甸乐园里面住了多久。不过，或早或晚，他们都堕落了。有人或者有样东西在他们耳畔低声说，他们可以成为神——他们不必再为他们的造物主而活，他们不必再把快乐视为无限的仁慈或者说“出乎意料之事”（从逻辑意义上讲），这些“出乎意料之事”本不是在追求享乐而是在敬畏上帝的生命中产生的。这就好像一个年轻人想从父亲那里定期得到补贴,他把这笔钱当作私有财产,制定自己的计划(这样做完全可以,因为他的父亲毕竟只是个人,是他的同类),于是,人类想要随己意而行,安排自己的未来,只为追求享乐安逸做打算,他们拥有所谓"自己的东西"(meum),他们会从自己的时间、精力和爱中拿出合理的一部分献给上帝,然而,这一切都打了标签,是他们"自己的",而不是上帝的。正如我们常说的那样,他们想要"把灵魂归入自己名下"。不过,这乃是谎言,因为,我们的灵魂其实并不属于我们自己。他们想要在世上觅得一个角落,在那里他们尽可以对上帝说:"这是我们的事,不关你的事。"但是,普天之下并无这样一个角落。他们想充当主角,想要成为名词,其实他们不过是、并且永远是形容词。至于他们通过哪一种行为,或者说哪一系列行为来表达这种自相矛盾、不可能实现的愿望,就不得而知了。依我看来,这一切都与他们偷吃禁果的行为本身有关,不过,这个问题没有答案。

对人而言,自我意志导致的行为完全不符合其受造之物的地位,这正是唯一可以称作"堕落"的行为。棘手的是,最初的罪一定十分可憎,否则其后果便不会如此可怕,然而,它肯定是那些不受堕落之徒试探的人也会犯的罪。从神转向自我的过程必然符合上述两个条件。最初的罪一定是伊甸乐园里的人也会犯的罪，因为，从一开始，自我的存在（即我们称为“我”的事实）就包含了自我崇拜的危险因素。既然我是我，若要为神而活，不为己而活，就一定要做出自我牺牲，无论这种自我牺牲多么微小，多么容易做到。这正是上帝创造本质中的“弱点”，是上帝认为值得冒的风险。不过，这条罪真的非常可憎，因为，伊甸乐园里的人所要牺牲的“自我”其实根本算不得什么牺牲。因为，他不过是一个心理和生理完全从属于意志的有机体，是上帝放这个意志在他里面，要他完全地而不是被迫地归向上帝。在堕落以前，人实现自我牺牲根本不需要经过痛苦挣扎，他只是愉快地征服那微不足道的一点自我固执，而这小小的自我固执也十分乐意被征服。对此，我们今天在一对相爱的男女身上也能找到一点影子，他们会为了彼此做到不顾一切的自我牺牲。因此，伊甸乐园里的人不会受到诱惑（这里指按照我们的定义）去选择自我，不会有任何固执的情感或者意愿要他这么做，除非这个自我（self）就是他的“私己”（himself）。

在此之前，人的灵一直可以完全控制他的机体。他无疑认为，即使他不再服从上帝，这种控制也可以继续。然而，他对自己机体的主权只是对上帝主权的代表，因此，一旦他不再成为上帝的代表，他便失去了这一主权。人既把自己同存在的本源割裂开来，也就等于把自己同能力的本源割裂开来。因为，提到受造之物，如果我们说 A 控制 B，其实是指上帝通过 A 来控制 B。当人的灵背叛了上帝，从内在可能性的角度讲，难道上帝还会继续通过人的灵去控制他的肉体吗，对此我深表怀疑。上帝绝不会这样做。他开始用一种更加外化的方式去控制人的机体，不是通过人的灵，而是通过自然法则。[①] 因此，人的五脏六腑不再听命于他自己的意志，转而遵循平常的生理规律，无论这种生化规律给人带来痛苦、衰老还是死亡，人都只能忍受。人的心里开始生出一些欲望，不是出于理性，而是由生理因素和环境因素所导致。于是，人的思想便受制于心理法则和类似法则，上帝正是用这些法则来掌控人类这种高等生物的心思意念。意志也被来自本性的浪潮所淹没，失去了本源，只得依靠力量去抵制新萌生的思想和欲望，这些并不轻松的内在抵制就是我们所说的潜意识。这个过程跟纯粹的个人毁灭无法相提并论；它是整个种族的失落。人类因堕落而

① 这是对胡克律法观的发展。一旦人违背了应当遵循的律法（即上帝对人的律法），就只有去遵循上帝的次级法则，例如，当你在光滑的斜坡上行走，如果你忽略了谨慎的律法，你会突然发现自己只有遵循重力法则。

失去的是其原本的种族属性。“你本是尘土,仍要归回尘土。”[1]

人的整个机体曾经在其属灵生命中占据重要位置,如今却要归回纯自然状态,而人当初也正是从自然中受造的——就好像在创造之初,上帝造植物为动物生长所用,让化学反应为植物生长所用,让物理反应为化学反应所用。这样一来,人的灵便从人性的主人沦为肉体中的寄宿者,甚至沦为肉体的囚徒;理性意识也变成了今天的样子——一小部分大脑活动中断断续续的闪光。不过,属灵能力的局限性远不如灵魂本身的败坏那样危险。人的灵背离了上帝,转而成为自己的偶像,尽管它还可能归向上帝,[2]却必然要经历痛苦挣扎,它的倾向乃是喜爱自我。于是,人的灵极容易导致这样一些态度:骄傲和野心、取悦于自己眼目、压制和羞辱一切对手、嫉妒、贪得无厌、追求安逸。人的灵

---

① 圣经《创世记》3:19。——译注

② 神学家会证明我并未在此对柏拉纠派(Pelagian.柏拉纠主义,又称半柏拉纠主义,是指人是良善的,可以行功德,并因寻求神而得救。因此,又被称作“自救派”。天主教曾经在中世纪采取过柏拉纠主义观点。奥古斯丁提出的是“恩典主义”,即人人皆是罪人,人人皆要靠上帝的恩典得救,他写了很多反对柏拉纠主义和半柏拉纠主义的书籍。——译注)和奥古斯丁派之间的争议推波助澜。我的意思是即使现在,这种向着上帝的回归也并非不可能。而这种回归的原动力何在,仍是一个问题,对此我未做任何论述。

再也无法统辖人的本性，成了一位无能的君王，不只无能，还很败坏：它向人的心理和生理器官发送欲望，远远比这些器官向它反馈的欲望邪恶。通过遗传，这种状况在人类后世的一代又一代子孙身上得以延续，因为，它已经不单是生物学家所称的“后天变异”；它意味着一个新的人类种群的出现——这个新种群不是上帝的受造之物，而是罪恶的孽子。人所发生的变化绝不是一种新习惯的养成，而是自身组成的巨大改变，是各个组成部分之间关系的混乱，是某一个组成部分的颠覆。

上帝可以通过神迹阻止这一变化进程，不过，用一个有所不敬的比喻来说，这样做会削弱上帝创造世界时设下的难题。上帝之所以设下这个难题，正是要借着这个充满自由主体的世界上演的戏剧来彰显他的良善，尽管人背叛了他，但是这种背叛本身也是整台戏剧的一部分。用戏剧、交响乐或者舞蹈作象征，有助于矫正我们某些荒唐的言词，因为，我们总是过分强调上帝如何计划和创造了一个美善的世界，而人的自由意志又如何破坏了这种美善。这种说法提出了一个荒谬的论点：人类的堕落令上帝吃惊，并且打乱了上帝的计划；或者说，按照上帝的计划，整个物质世界包含着某个条件，上帝很清楚这个条件是不可能达成的。后者显然更加荒谬。其实，上帝在制造第一团星云物质的时候，就已经预见到十字架上的受难。这个世界就像一场舞蹈演出，在这场演出当中，人类自身的邪恶破坏了上帝赐下的良善，结果产生了冲突，而上帝自己承担起邪恶所引发的痛苦，才使冲突得以解决。人类因自由意志而堕落的教义指出，邪恶成为重新达到更复杂的良善的燃料或者原料，这不是上帝的意思，而是人类自身导致的。如果我们坚持要问这个问题的话，只能这样回答：这一切并不意味着如果人类从来没有犯罪，上帝就不可能完成一部同样辉煌的交响乐。不过，有一点必须谨记于心，当我们大谈可能发生的事情，大谈整个现实世界以外的偶然性的时候，我们其实根本不知所云。除了这个现存宇宙，任何“可能发生”或者“原本可能发生”的事情都没有发生的时间和空间。在我看来，探讨人类的真正自由有一个最有意义的方式，就是去论证以下这一点：如果在现实宇宙空间内，除人类之外还有其他高级种群存在，它们未必会堕落。

我们属于一个败坏的族类，因此，我们才会沦落到今天这个光景。我并不是说我们受罚是因为我们无法改变自己的存在，或者因为我们要替我们的先祖承担道德责任。如果说，我仍然把我们目前的状态称作“原罪”(original Sin)，而不是“原不幸”(original misfortune)，那是因为我们的实际信仰经历不允许我们有任何其他认识。我认为，从神学上讲，我们应该说："是的，我们的行为像一群害虫，那是因为我们的确是一群害虫。不过，无论如何，那不是我们的错。"然而，我们就是害虫，这乃是事实，不能拿来当借口，这个事实本身比它引我们所犯的任何具体的罪更让我们感到羞耻和难过。其实，这一点并不像某些人宣称的那样难以理解。在人群当中，这种情况也时有发生，例如，一个没教养的男孩被带到一个体面人家。看到这个男孩蛮横、懦弱、嚼舌根、撒谎，这家人会提醒自己说"这不是他的错"。不过，无论如何，他眼下的脾气实在令人讨厌。他们厌恶他的举止，因为他的举止应该遭到厌恶。他们不可能爱他现在的样子，只能把他改造成完全不同的样子。此外，尽管这个男孩缺乏教养是他最大的不幸，但是，你不能说他的脾气秉性也是一个"不幸"，因为你这么说就好像他这个人跟他的脾气是两回事，毫不搭界。实际上，正是他自己欺负了人，又溜之大吉，是他自己喜欢这么做。如果他开始悔改，他一定会因为自己先前的行为而产生羞耻感和犯罪感。

基于我本人对人类堕落这个主题的理解，我认为我已经讲了该讲的一切。不过，我要再次提醒我的读者，我只不过触及了这一主题的粗浅层面。我们并未探讨生命树和分别善恶的树，其实，这两种树本身都包含着极大的奥秘：我们也没有去讨论保罗这句话，"在亚当里众人都死了，照样，在基督里众人也都要复活。”[1]早期教会的教父们提出，亚当身体里面包含了我们的肉体存在；安瑟伦大主教提出，基督的受难里面包括了我们（根据合理想象）。上述两种论点都是以保罗这句话为潜台词。这些理论在他们所处的时代大有裨益，但是对我而言，它们并无多大益处，当然，我也不想发明其他理论。最近，我们从科学家那里知道，我们无权认为人类能够准确描述整个宇宙实体，如果我们能够凭借想象去描述量子物理世界，就不难发现，展现在我们眼前的是一幅远离现实世界的景象。[2] 毋庸置疑，我们更加无权认为人类能够凭借自己的抽象思维去描述甚至解读最为高深莫测的属灵世界。在我看来，保罗那句话当中最大的难点便是“里面”(in)一词，这个词在新约《圣经》中反复出现，每一处的含义都不尽相同，而我们根本不可能完全理解这些含义。我们在亚当“里面”死了，在基督“里面”复活，这句话似乎暗示了一点：人到底是什么，答案可能跟我们凭借大脑思维和三维空间想象的理解相去甚远；事物之间是单独存在的，只有因果关系能够改变这种单独性（separateness），其实，在绝对现实中，这种人与人之间的单独性与某

---

① 圣经《哥林多前书》15:22。

② 詹姆斯·金斯爵士(Sir James Jeans)，《神秘的宇宙》(*The Mysterious Universe*)，第五章。

种“相互静止性”(inter-inanimation)相平衡,而我们对“相互静止性”这个概念一无所知。亚当和基督这样的伟人的行为和痛苦可能就是我们自己的行为和痛苦,这不是合理想象,也不是暗喻或者因果关系,而是一种更深的联系。当然,单个的人有可能聚在一起,形成某种“灵体存有”(spiritual continuum),正如泛神教所相信的那样;不过,整个基督教教义都排除了这一点。然而,个人的单独性和其他原理之间的确存在某种冲突。我们都相信,圣灵能够在人的灵当中存在并做工,但是,泛神教把这一点歪曲为人是上帝的一部分,是上帝的异体和显现,这一点是我们所不认同的。从长远角度看,在适当的程度之内,我们不得不假设类似的事物的确存在,即使是那些受造的灵体,尽管各自不同,也是以整体形式,或者以一群和另一群的形式显现的——正如我们认知物质世界时,必须承认“超距作用”(action at a distance)一样。大家都会注意到旧约《圣经》当中多次忽略了我们关于个人的概念。上帝应许雅各说:“我要和你同下埃及去,也必定带你上来。”[1]我们可以从两个角度理解这一应许的实现,第一是指雅各的众子将他的身体带回巴勒斯坦安葬,第二是指雅各的后裔出离埃及。这

① 圣经《创世记》46:4。

跟当时的社会结构紧密关联，在古代社会，个人常常被忽视，取而代之的是部落或家族的概念：不过，我们应该通过两个同等重要的假设来阐述这种关联性——第一，古代人的社群关系蒙蔽了他们的双眼，使他们对我们眼中的真理视而不见；第二，古代人认识到了某些真理，是我们对这些真理视而不见。如果说，我们总是像现在一样认为对义与罪的合理想象、引用、转移和归算（imputation）[①]太过虚假，那么，唯有在神学当中，这一切才具有最大意义。

本章的问题对于我如同一道无法穿透的帘幕，因此，我认为，像这样进行粗浅论述是明智的，不过，正如我曾经说过的，这个问题不是我现在所要论证的。试图通过提出另一个问题来解决痛苦这一问题显然不起作用。简要地说，本章的论题是，人作为一个种群，自甘堕落，因此，照我们目前的状况，要重新归回良善意味着悔过自新、洗心革面。那么，在悔过、更正的过程中，痛苦又扮演了什么样的角色呢？这正是我们在下一章要探讨的问题。

---

① 指罪孽、罪行与义代替性的归属，如因亚当的罪，死就归到众人（参见圣经《罗马书》5:12—14）；因基督的救功，义就归到众人（参见圣经《罗马书》5:15—21）。——译注

第五章　人类的痛苦

无论从任何角度而言,基督的生命在本性(nature)、自我(the Self)和己(the Me)上都承受了最大的痛苦(因为在基督真实的生命中,必须将自我、己和本性一并抛却、一并丧失、一并钉死)。所以,我们每个人里面的本性都对这一点感到恐惧。

——《日尔曼神学》,XX

在上一章,我试图说明在这个人来人往的世界,痛苦的可能性是内在的。当人堕落败坏,他们必然利用这种可能性彼此伤害;或许,人类五分之四的痛苦都是由此造成的。

发明肢刑架、鞭子、监狱、奴隶制度、枪械、刺刀和炸弹的是人类，而不是上帝；我们之所以困苦穷乏、劬劳奔命，并不是由于自然的暴虐，而是由于人自身的贪婪和愚蠢。当然，还有一些痛苦的确不是我们自己造成的。如果所有的痛苦都是人为的，我们应该弄清原因，为什么上帝会许可那些败坏之极的人去折磨同类。[1] 我们在上一章讲过，照我们眼下的情况，归回良善意味着悔过自新、洗心革面，其实，这个答案并不完全。良药并非皆苦口：果真苦口的话，那也是一个令人不快的事实，而我们应该了解这个事实背后的原因。

在继续论述以前，我必须重提第一章中谈到的一点。在第一章当中，我曾经讲过，人对那些低于一定强度的痛苦，不仅不反感，甚至可以说喜欢。也许你会说“那样的痛苦根本算不上痛苦”，你可能是对的。不过，事实上，“痛苦”一词有两层含义，必须区分清楚。“痛苦”的第一层含义是指由特定神经纤维传导的感觉，这种感觉是当事人能够感知的，无论当事人喜欢与否（例如，我可以清楚地感觉到四

---

[1] 也许最好说恶劣之极的“生物”。我绝不是要否认由于疾病导致的“直接原因”或者某些疾病本身可能生成非人的生物（参见第八章）。根据《圣经》记载，撒旦曾经加给约伯疾病，参见《路加福音》13:16；《哥林多前书》5:5，以及《提摩太前书》1:20（可能相关）。在目前的论述中，上帝许可所有受造之物随从自我意志苦待同类，这里所说的受造之物是否为人类并不重要。

肢微微酸痛，尽管我并不讨厌这种感觉）。第二层含义是指当事人所不喜欢的任何生理或者心理体验。有一点必须注意，一旦超过了一定强度，任何第一层含义上的痛苦都会变成第二层含义上的痛苦，不过，第二层含义上的痛苦不一定是第一层含义上的痛苦。实际上，第二层含义上的痛苦是“苦楚”、“苦恼”、“苦难”、“困苦”、“困难”的同义词，痛苦的产生正是基于第二层含义。本书后面几章会对第二层含义上的痛苦进行探讨，因为，它涵盖了痛苦的所有形式，至于第一层含义，在本书中不会做更深入的研究。

既然人里面应有的良善要求他顺服他的造物主——从智慧、意志和情感上去服从他和造物主之间的关系，人类受造这一事实本身就确立了这种关系。如果人甘心顺服，他就会变得良善和快乐。这种良善远远超越了受造之物的水准，因为，上帝降世为人，以“子”的身份顺服上帝，将上帝出于父爱赐给独生爱子的生命永远交给上帝。这种关系正是人类应该效法的——伊甸乐园里面的人也确实效法了。人以喜乐和对喜乐的顺服将造物主恩赐的意志交还给造物主，他在哪里如此行，哪里就成为天堂，成为圣灵掌权的所在。今天，身处这个世界，我们晓得，问题的关键是如何恢复这种顺服。我们是并不完美、有待净化的受造之物，不仅如此，在纽曼[①]眼中，我们还是应当放下武器的背叛者。为什么我们的医治是一个痛苦的过程？这个问题的第一个答案便是：我们一直认为意志属于自己，所以，无论何时何地，以何种方式，只要我们把意志交还给上帝，就会感到刺痛。我想，即使在伊甸乐园里，人也需要克服一点点自我固执，当然，这种克服和顺服是无比喜乐的。然而，要把多年来膨胀的自我意志从自己的侵占中交还给上帝，意味着向己死。我们都记得自我意志如何在我们的孩提时代作怪：每每受到挫败，便心怀苦毒，怨恨不平，大哭大闹，生出恶魔式的黑色愿望，发誓要杀掉别人或者结束生命，绝不肯做出半点让步。因此，有些老派保姆和家长认为，教育的第一步便是"打破孩子的愿望"，这是完全正确的。他们采取的方法往往不当，不过，这种观点十分必要，我认为，忽视其必要性等于把自己拒于属灵律法门之外。如果说我们成年后不再动辄嚎哭、跺脚，其中一个原因便是我们的长者从小就注意打破或者遏制我们的自我意志，另一个原因是这种歇斯底里的情感变得更加微妙，更加狡猾，不想死掉，而是想方设法

① 纽曼(John Henry Newman，1801—1890)，英国基督教会史上的著名人物。1833年以后，英国牛津大学的一批神职人员和知识分子发动了一场旨在复兴早期基督教会传统的"牛津运动"，纽曼积极投身其中并成为主要代表之一。——译注

利用一切可能的“补偿措施”。因此，“向己死”的必要性每天都存在：我们总认为已经打破了这个背叛的自我，实际上，它依然活着。完成上述过程不可能不经历痛苦，实际上，“苦修”(Mortification)一词从产生那天起就充分见证了这一点。

不过，人将“己”据为私有，而向己死所引发的内在痛苦(intrinsic pain)或者死亡并不是全部。向己死本身是一种痛苦，然而，比起作为其发生条件的痛苦来，它是微不足道的。我认为，以下三点能够说明这种情况。

只要人的灵喜欢自我意志，就绝不肯把它交托给上帝。既然罪和过犯拥有这种特权，那么，它们隐藏得越深，受害者就越不易觉察；它们是带了面具的邪恶。而痛苦是不带面具、不会被误认的邪恶；一旦受到伤害，每个人都会意识到一定是哪里出了问题。性受虐狂也是如此。性施虐狂[①]和性受虐狂分别对正常性激情当中的某个“时刻”或者某个“方面”进行孤立和夸张。性施虐狂片面夸大了俘虏、占有的一面，以至于变态施爱者通过虐待被爱者来获得满足——比如，他会说：“我才是主人，甚至可以

① 按照现代的趋势，人们给“性施虐狂恶行”的定义是“极端的恶行”或者作家笔下痛斥的恶行，这样的定义于事无补。

折磨你。”性受虐狂则片面夸大了与之互补的、相反的一面，宣称“我意乱情迷了，即使你带给我痛苦，我也愿意接受”。除非性施虐者意识到这种痛苦是邪恶的，是一种完全占有对方的暴行，他才会停止从这种恶行当中寻求性刺激。痛苦是能够立刻觉察的邪恶，并且是不容忽视的邪恶。我们可以心满意足地赖在自己的罪恶和愚蠢上面不动；好比一个贪食的人对着一桌美味珍馐，只顾狼吞虎咽，却不知在吃什么，任何人见到这幅图景都得承认：我们甚至会忽视乐趣。然而，痛苦绝对不容忽视。当我们沉迷在享乐之中，上帝会对我们耳语；当我们良心发现，上帝会对我们讲话；当我们陷入痛苦，上帝会对我们疾呼：痛苦是上帝的扬声器，用来唤醒这个昏聩的世界。一个恶人如果感到快乐，那么，他的行为便没有“回应”宇宙的规律，也就是说，跟宇宙的规律不相符。

这个道理隐藏在所有人的一种认识背后：那就是认为恶人应该遭受痛苦。这是最起码的道理，我们不必嗤之以鼻。在轻度层面上，它唤起了每个人的正义感。在我很小的时候，有一次，哥哥和我伏在同一张桌子上画画，我捅了他的胳膊肘一下，结果他的画上出现了一道横穿而过的不相干的线条；这件事最终得以在友好气氛中平息，因为我答应哥哥也在我的画上画一条同样长度的线。在这个小插曲当中，“换位思考”让我从另一个角度看到了自己的粗心大意。在深度层面上，这个道理阐述了“因果报应”、“罪有应得”的原则。有些开明人士喜欢把因果报应从他们的惩罚理论当中排除掉，一味强调作恶的人妨害了他人，或者强调对犯罪者本人的改造。他们不晓得，他们这种说法令一切惩罚失去了公正性。如果我不是“罪有应得”，只因为我妨害了他人，就让我遭受痛苦，还有比这更不道德的事吗？如果我“罪有应得”，你就等于承认了“因果报应”之说。除非我“活该”，否则，凭什么不经过我本人同意就抓住我，让我去接受令人讨厌的道德改造，还有比这更离谱的事吗？在第三个层面上，我们怀有报复心态——渴望复仇。当然，这种心态本身是邪恶的，是基督教明确禁止的。不过，在我们刚才讨论性施虐狂和性受虐狂的时候，似乎涉及到了报复心态，人的本性当中最丑陋的东西就是去扭曲原本良善、无邪的事物。报复心是一种扭曲心理，不过，根据霍布斯[①]对“报复心”清晰无比的定义，它倒也有一样好处；霍布斯认为，“报复心”是“一种通过伤害对方促使其谴责自身某些行

① 霍布斯（Thomas Hobbes，1588－1679），17世纪英国哲学家，主要哲学著作有：《利维坦》（*Leviathan*）、《论物体》和《论公民》。——译注

为的愿望”。[①] 报复在实施过程中是盲目的，不过其目的似乎也不全是坏的——它让恶人也尝到他的邪恶所带给别人的那种痛苦。有一个事实可以证明这一点，那就是，复仇者不只是要有罪的一方遭受痛苦，还要让他在自己手中遭受痛苦，并且要他明白他受苦的原因何在。因此，在复仇的时刻，人往往怀有奚落犯罪者的冲动；因此，人会自然而然地吐出这样的话——“以其人之道还至其人之身，要他好看”，或者“我要教训教训他”，等等。同理，当我们想要羞辱一个人，我们会说“让他知道知道我们把他当什么”。

当我们的祖先把痛苦和忧伤视作上帝对罪的“报复”，他们并不是指上帝拥有邪恶的特质；他们认为，上帝的惩罚其实有好的一面。痛苦能让一个恶人看到自身存在中确凿的邪恶，只有这样，他才不会继续活在错觉里。一旦受到痛苦的刺激，他便会晓得自己一定以某种方式“违反”了宇宙实体的规律：在他面前只有两条路，要么选择背叛（从较长远的角度看，这样做可能导致更加明显的错误，进而是更加深刻的悔过）；要么选择调整自我，这意味着他可能会皈依宗教信仰。两种选择的结果都不可确定，因为，经过了漫长的历史，上帝（以及神灵）的存在才广为人知，不过，即使在

---

① 《利维坦》，第一部，第六章。

今天，我们仍然可以看到人们还是在不断认识上帝。甚至像哈代[①]和豪斯曼[②]这样叛逆的思想家都曾表达过对上帝的愤怒，尽管他们并不承认上帝的存在；其他人，例如赫胥黎先生[③]被痛苦推动，提出了人类生存的整体问题，并且想方设法证明他的论点，对一个非基督徒而言，他能做到这一点，已经比那些浑浑噩噩的荒唐之徒强胜百倍了。作为上帝的扬声器，痛苦无疑是一件可怕的工具；它可能导致不思悔改的终极背叛。不过，它同时给了恶人唯一的改正机会。它撕掉了一切面纱；它在背叛灵魂的城堡里插下真理的旗帜。

如果说，痛苦投下的第一个、最小的错觉是一切安好，那么，它投下的第二个错觉便是：无论我们所遭遇的是好是

---

① 哈代(Godfrey Harold Hardy，1877－1947)，20世纪初的英国数学家，著名的"数学无用论"之倡导者(可能也是创始者)。他曾经说，一生中最希望证明两件事：一是黎曼猜想(Riemann hypothesis)，即复变数 zeta 函数之所有零点之分布；二是上帝不存在。——译注

② 豪斯曼(Alfred Edward Housman，1859－1936)，19世纪末20世纪初英国最负盛名的古典主义学者之一，著名诗人，无神论者。他的诗作文字简洁、幽默，但带有幻灭感。——译注

③ 赫胥黎(Aldous Huxley，1894－1963)，英国著名作家、哲学家、评论家，代表作是长篇小说《美丽新世界》，他是英国著名生物学家托马斯・亨利・赫胥黎(Thomas Henry Huxley，1825－1895)的孙子。——译注

坏，都是我们自己的事。每个人都知道，当我们处在顺境中，我们很难把思想转向上帝。我们"拥有了自己想要的一切"，如果我们所谓的"一切"不包括上帝的话，那么，这句话就非常可怕。我们把上帝当作障碍。正如圣奥古斯丁所言："上帝想要恩赐我们一样东西，却无法赐下，因为我们的双手已经满了——没有给上帝留一点空处。"我的一位朋友也说："在我们眼里，上帝就像空降兵的降落伞；每逢遇到紧急情况，就立刻打开这顶降落伞，心里却巴不得永远用不到它。"上帝创造了我们，晓得我们是谁，也晓得我们的快乐乃是在他里面。然而，只要他在我们生命里放了其他手段，那些貌似合情合理的手段，我们就不愿意到他里面寻求帮助。这样的话，为了于我们有益，上帝能怎么做呢？只有让"我们自己的生活"变得不那么安逸，拿去那些看似合理的伪快乐。只有在此时，上帝的旨意才第一次显出最残酷的一面，同时，至高者屈尊降世所体现的神圣的谦卑也最值得赞美。看到不幸降临在体面光鲜、老实本分、尊贵杰出的人身上，我们难免感到困惑——为什么不幸会临到能干、勤劳的母亲，临到聪明、节俭的小本生意人，临到那些为了将来积存一点福乐拼命工作并且有权去享受福乐的人们？我怎样才能以充满温柔的心去回答这个问题？我知道那些挑毛病的读者认为我本人有责任回答本书阐述的所有关于痛苦的问题，不过，这一点无关紧要——就像如今每个人都认为圣奥古斯丁想让没受过洗的婴儿下地狱一样。不过，倘若我让任何人远离真理，那可是事关重大。请允许我恳求读者试着相信，哪怕只是在此刻相信，上帝让这些人受苦是完全正确的，在他眼中，这些人留给子孙的那点福乐并不足以令他们真正蒙福：这些福乐总有一天会离开他们，他们若不认识上帝，便会遭殃。因此，上帝使他们受苦，提前警告他们，有一天他们会遭受穷乏。他们为自己和家人活着，这一点阻挡了他们对真正需要的认知；上帝使他们的生活变得不那么甜蜜。我之所以称其为上帝的谦卑，是因为等到船沉没的时候才挂起上帝的旗帜未免太可悲了；把上帝当作最后的救命稻草，只有在我们觉得没用的时候，才肯把“自己的东西”献给上帝，实属可悲。如果上帝高高在上，傲视一切，他便不会如此对待我们；然而，事实是，上帝并不骄傲，他屈尊降世，为要赢得我们的心；我们却总是寻求在他以外的东西，直到“找不到比他更好的”，才肯回归，即便如此，他仍然接纳我们。上帝的谦卑还表现在他能唤起我们的恐惧，那些傲慢的人读《圣经》时便会尝到恐惧的滋味。如果我们选择上帝只是为了不下地狱，这并不能赞美上帝的名，不过，即便如此，他仍然可以接受。人类往往有一种错觉，觉得身为受造之物，人的自满自足会被彻底击碎；认为上帝不惜令他的荣耀受损，也要借着人对世间苦难的忧烦和对地狱永火的极度恐惧击碎人的自满自足。有些人希望《圣经》里的上帝更加纯道德化，他们真是不晓得自己要求的是什么。如果上帝是一位康德派学者，只有当我们以最纯洁、最良善的动机来到他面前时，他才肯接纳我们，试问，有谁能得救呢？那些非常诚实、非常善良、非常温和的人往往具有这种自满自足的错觉，因此，不幸才会临到他们。

表面的自满自足十分危险，这就是为什么我们的主对闲散、放荡的恶行比追求属世成功的恶行更加宽容。妓女安于目前的生活，不愿寻求上帝，她们并没有什么危险；而那些骄傲、贪婪、自以为是的人才面临着危险。

痛苦的第三种表现方式更加令人难以捉摸。每个人都承认选择是有意识行为，它意味着你知道自己正在做出选择。伊甸乐园里的人的一切选择都遵循上帝的旨意。通过遵循上帝的旨意，使他自己的愿望得以满足，因为，他所要发出的一切行为实际上都跟他无可指摘的倾向相符，还因为他把事奉上帝当作自己最大的快乐，没有这个前提，一切快乐都会变得乏味。“我是为着上帝的缘故如此行事，还是我自己也恰好喜欢这样做？”伊甸乐园里的人那时并没有这样的疑问。他的意志向着上帝，这个意志驾驭了他的快乐，像驾驭一匹顺服的马儿；然而，当我们快乐的时候，我们的意志仿佛湍急河水中的小船，只能随波逐流。在伊甸乐园时代，快乐是蒙上帝悦纳的奉献，因为奉献本身便是快乐。然而，我们心所愿的不一定跟上帝的旨意发生冲突，不过，由于人世世代代侵占着对自己的主权，我们的愿望会让我们忽视上帝的旨意。即使我们愿意做的事情恰好是上帝要我们去做的，我们行事也不能以此为由；这不过是一个令人高兴的巧合。因此，我们不可能知道我们所做的是为着上帝的缘故，除非我们的行为动机跟我们自己的意愿相抵触，或者（换言之），我们的行为动机令我们感到痛苦；如果我们不知道自己在选择，那就不成其为选择。要把自我完全交给上帝，就必然要经历痛苦：若要这个行为得以完美实现，就必须全然顺服，放弃自己的意愿，或者说忍受跟自己意愿相悖的煎熬。根据我的亲身体会，倘若我们随从自己的爱好，就不可能把自我交托给上帝。当我决定写这本书的时候，我希望在我的动机当中至少有一部分是使自我意志顺服某种“带领”。不过，现在我完全沉湎于写作过程本身，它不再是一种责任，而变成了一种试探。我仍然希望写作这本书符合上帝的旨意：不过，倘若我一面因着某种吸引力写作，一面大谈如何把自我交托给上帝，未免太荒唐了。

现在，我们要展开一段艰难的论述。康德认为，任何行为都不具备道德价值，除非一种行为是出于纯粹敬虔的目的，并且遵守道德准则，也就是说，这种行为当中不包含任何个人意愿，他因此被扣上了“病态”的帽子，这说明他的行为价值令人不快。其实，大多数人的想法跟康德一致。人们从来不会因为一个人做了自己喜欢的事情而去敬佩他：“不过，他自己喜欢这么做”，这句话暗含的意思是“所以，这算不上什么美德”。然而，事实跟康德的观点明显相反，亚里士多德指出，一个人越具有美德，就越乐意行善。至于一个无信仰者应该如何对待出于义务的道德和出于美善的道德，我不知晓：不过，作为基督徒，我提出以下建议。

有些时候，人们会问：到底是上帝要求我们做正确的事情，还是上帝要求我们做的事情都是正确的？对此，我站在胡克[①]一边，坚决支持前一种认识，反对约翰逊博士的观点[②]。后一种观点可能导致可怕的结论（我想，佩利[③]得出的便是这样的结论）：即仁慈是好的，只因为

---

① 胡克（Richard Hooker，1553－1660），英国神学家，著有《论教会体制的法则》（*Laws of Ecclesiastical Polity*）。——译注

② 约翰逊（Samuel Johnson，1709－1784），常被称为约翰逊博士（Dr. Johnson），18世纪英国著名人文主义作家、诗人和文学批评家，《英文词典》的编者，主要著作有《雷塞拉斯》、《诗人列传》。——译注

③ 佩利（William Paley，1743－1805），18－19世纪英国自然神学家。1802年出版了《自然神学》一书，将“适应性”视为生物的基本现象，以此证明上帝的存在。——译注

上帝一定要求我们要仁慈——类似的可怕结论是：上帝同样可能要求我们憎恨他，并且彼此憎恨，因为是他要求的，所以，一个充满仇恨的世界也是美好的。这些人认为他们所做的一切皆出于上帝的旨意，或者上帝的旨意毫无道理可讲，事实恰恰相反，在我看来，他们大错特错。[①] 上帝的旨意乃是出于上帝的智慧，而上帝所思想的永远是内在良善(intrinsically good)之事，上帝的良善决定了他永远支持内在良善之事。上帝要求我们做某些事，是因为这些事情本身是美善的，不过，说这话的时候，我们必须补充一点：其中一件内在良善的事便是，具有理性的受造之物以顺服的心毫无保留地把自己交托给他们的造物主。我们顺服的内容，即上帝要求我们做的具体事情，永远是内在良善的，即使上帝尚未要求(这当然是一个不可能的假设)，我们也应该去做。然而，除了顺服的内容之外，顺服行为本身也是内在良善的，是理性受造之物以其受造之物的身份有意识完成的，这样才能扭转我们堕落时的恶行，才能将亚当踏出的错误舞步退回，才能重新归向上帝。

因此，我们赞同亚里士多德所说的——只有内在良善的事物才能讨人喜悦，一个人越是良善，便越乐意行善；不

---

① 胡克，《论教会体制的法则》，I，i，第5页。

过，我们也赞同康德所说的——有一件正确的事，那就是把自己交托给上帝。堕落的人不愿意这样做，除非他们觉得这件事本身令人愉快。我们有必要补充说明一点，所有其他公义之事都包含在这件正确的事里面，它是抹去亚当堕落之罪的重要举措，是我们回归伊甸之旅的“全速后退”，它能解开古老的难题；作为受造之物，人类只有放弃一切自救手段，以赤露敞开的心完全顺服上帝，拥抱与自己本性相悖的东西，只为着纯一目的，才能完成它。把自己交托给上帝，这个行为可以称作对受造之物回归上帝的“考验”：因此，我们的教父们说，苦难乃是为了“试炼我们”。亚伯拉罕也曾经历过这样的试炼，上帝命令他将以撒当作燔祭献上。① 我现在考虑的不是这件事的历史意义和道德价值，而是这个直白的问题本身：如果上帝是全能的，他一定知道亚伯拉罕会怎么做，而不必考验亚伯拉罕；那么，他为什么还要让亚伯拉罕经受无谓的折磨呢？然而，圣奥古斯丁指出，②无论上帝是否知道，亚伯拉罕一定不晓得顺服上帝就必须履行这样的要求，直到整件事情显明：如果顺服的时候不知道要选择什么，便不能称之为选择。亚伯拉罕的顺服其实是顺服行为本身；上帝知

---

① 参见圣经《创世记》22:1－18。——译注

② 《上帝之城》，XVI，xxxii。

道亚伯拉罕"必定会顺服",这才是亚伯拉罕在山顶上真正经历的顺服。宣称上帝"不必考验",等于宣称因为上帝知道,所以上帝知道的这件事不必存在。

如果说,痛苦有时候会击碎人"自满自足"的错觉,那么,通过猛烈的"试炼"或者"牺牲",痛苦所带给他的满足才是他自己的——是"一种属天的力量,为他所拥有":那时,人才能除去一切纯天然的动机和帮助,单单靠着这股力量行事,这股力量是上帝借着人顺服的意志赐予人的。只有当人的意志完全交给上帝的时候,它才真正充满创造力,真正为人自身所拥有,它是灵魂丧失的人重新发现的理性。在所有其他行为当中,我们的意志都被本性所左右,也就是说,被来自我们机体和遗传的欲望所左右。只有我们从真实自我出发行事,即从住在我们里面的神行事的时候,我们才成了创造的合作者,或者说创造的活工具:只有如此行事,我们才能拥有扭转乾坤的应得能力,借以消除亚当加给人类的非创造性的咒语。因此,自杀是斯多葛主义的典型代表①,战争是武士精神的代表,而殉道永远是基督教信仰的最高表现和升华。基督在十字架上受难,完成了伟大的殉道行为,乃是要启迪

① 斯多葛主义是古希腊哲学学派,认为有智慧的人在特定情况下如果无法过有道德的生活,可以选择自杀。——译注

我们，为着我们的益处，给我们设立了效法的榜样，如此奇妙，向一切信的人显明。这公认的死达到甚至超过了一切想象的边界；在那一刻，基督不仅失掉了一切天然的帮助，就连他为之牺牲生命的父神也转眼不看他。尽管上帝“离弃”[1]了他，他却毫不动摇地将自己交给上帝。

这里我讲到死亡的教义，其实不仅基督教阐述过这个道理。大自然本身就在世界各个角落不断上演同样的戏剧——种子死了，埋在土里，又会结出新的籽粒来。也许，古代的农业社群从自然界悟出了这个道理，随后的数个世纪里，人类都会献上动物和活人的牲祭，这正表明了一条真理——“没有流血舍命，就没有赦免。”[2]起初，人类只发现谷物生长和部落繁衍当中蕴含着这个道理，后来，人类从神秘世界当中也发现了这个道理，他们开始关注个人灵魂的死亡和复活。印度苦修者躺在布满尖钉的床榻上修行，也说明了同样的道理；古希腊哲学家告诉我们，智慧的生命便是“练习

---

① 主耶稣在十字架上担负全人类的罪，成了世人的代罪羔羊，众人的罪孽都加在他的身上。纵然他是天父的独生爱子，天父也不得不转眼不看他。所以在那最黑暗的时刻，主耶稣禁不住喊：“我的神！我的神！为什么离弃我？”参见圣经《马可福音》15:33－34。——译注

② 圣经《希伯来书》9:22。

死亡、置于死地”(a practice of death);[①]感性而傲慢的现代异教徒宣称他想象中的上帝“由死进入生”(die into life);[②]赫胥黎先生则阐述了他的“不执”理论(non-attachment)。[③] 我们不可能为了逃避有关死亡的教义而不当基督徒。它是上帝向人类启示的“永恒福音”,只要人类能够找到并接受这条真理:它是救赎的主旨,无论何时何地,它都坦白无误地对智慧进行剖析;它是无法回避的知识,对那些苦苦探询宇宙“为何物”的心灵,它是启迪的亮光。基督教信仰的特别之处在于,它不是教导人们去接受,乃是以更易接受的各种方式向人们阐述这条教义。基督教教义告诉我们,为着我们的缘故,这个可怕的任务已经被完成了——当我们试图书写那些复杂的字母时,上帝的手正握着我们的手,我们的作品只不过是上帝的“复制品”。有必要再次说明的是,其他宗教体系揭示了我们对于死亡的本性(例如,佛教提出“出离心”[④]),

---

① 柏拉图,《斐多篇》(*Phaedo*),81,A(cf. 64,A)。

② 济慈,《海披里安》(*Hyperion*),III,第130页。

③ 赫胥黎提出“永恒的哲学”(Perennial Philosophy)这一概念,即以生命与存在的本源这种终极问题为研究对象的哲学。基于这种哲学,他阐述了“不执”理论(non-attachment),即对一切事物无欲无求。——译注

④ 出离心(renunciation),佛教用语,指向内看,将重视“我”的心念去除,即除去对此生的执著,除去对来生的执著。——译注

基督教只要求我们纠正本性中的错误方向，像柏拉图一样，不埋怨自己的身体和内部生理因素。实际上，并非每个人都必须做出最高形式的牺牲。没有殉道的圣徒跟殉道者一样获得了救赎，我们必须承认，有一些老人，他们将尊荣保持了70年的岁月，却并没有费什么力气，实在令人惊叹。基督的门徒乃在不同程度上效法、响应主的牺牲，从最悲壮的殉道行为到自我意愿的顺服，不一而足，从其外在表现上讲，自我意愿的顺服跟忍耐所结的果子和"甜美的责任感"没有任何区别。痛苦分配的原因，我无从知晓；不过，从我们目前的观点来看，真正的问题显然不是为什么有些谦卑、敬虔、笃信的人会受苦，而是为什么有些人不受苦。如果大家还记得，我们的主曾亲自讲过，那些在世享福的人要想得救，唯有依靠神不可测度的大能。①

其实，所有为痛苦辩护的论据都激起了我内心苦涩的怨恨。你可能想知道当我经历痛苦的时候，会怎么样？你不必猜测，因为，我正要告诉你；我是一个十足的懦夫。不过，这究竟意味着什么？每当我想到痛苦——想到那火焰一般灼烫的焦虑，那沙漠一般空旷的孤寂，那单调的日复一日的心碎，那令我们心灰意冷的钝痛，那敲击人心灵的的令

① 圣经《马可福音》10:27。

人作呕的突发锐痛，那难熬又骤然加剧的苦楚，那毒蝎蛰咬一般令人癫狂的刺痛，人便会因为以往遭受的种种痛苦折磨而濒临死亡—— 仿佛它“已经克服了我的灵魂”。[①] 如果我知道世间有哪种方法可以逃避痛苦，哪怕得在阴沟里匍匐而行，我也会去寻找。那么，告诉你我本人的感受又有什么益处呢？你已经知道答案了：因为我的痛苦跟你所经历的一样。我不是说痛苦不令人难受。痛苦必然是一种煎熬。那正是痛苦这个词的含义。我只是在阐述一条古老的基督教教义——“因受苦难得以完全”，[②]这条教义绝对可信。不过，我没打算证明其精辟。

要衡量这条教义的可信度，必须遵守两个原则。第一，我们必须记住，眼下经受的痛苦只不过是借着恐惧和怜悯得以延伸的整个苦难体系的一个中心点。这个中心点决定了受苦的好处；这样说来，即使痛苦本身没有属灵价值，如果恐惧和怜悯具有属灵价值，痛苦就有其存在的必要性，有了痛苦，人才会生出恐惧和怜悯。恐惧和怜悯可以帮助我们归回顺服和仁慈，这一点是毋庸置疑的。每个人都经历

---

① 作者在这里套用了莎士比亚戏剧《哈姆雷特》中哈姆雷特王子临死前的独白“剧毒已经克服了我的灵魂”（The potent poison quite o'ercrows my spirit）。——译注

② 圣经《希伯来书》2:10。

过怜悯的果效，怜悯使我们更容易去爱那原本不可爱的——也就是说，去爱别人，不是因为他们具有可爱的天然特质，而是因为他们是我们的弟兄姊妹。我们当中的大多数人体会到恐惧的好处是在危机四伏的战前。这也是我的亲身经历。我本人曾在自满自足的堕落和不信神的光景里虚度年华，沉迷于来日同友人聚会的乐趣当中，用今朝的虚荣、节日宴乐和著书立说来打发时间，然后，有一天，身体突然出现反常疼痛预示着恶疾的征兆，或者报纸上的通栏标题警告我们大难将至，于是，烦恼纷至沓来。起初，我方寸大乱，我所有的小快乐仿佛成了破旧玩具。那时，尽管磨磨蹭蹭，不情不愿，我还是试着让自己进入一种任何时刻都不会改变的心境。我提醒自己，我的心将不再被那些玩具所占据，我的真正好处在另一个世界，我的真实财宝乃是基督。也许，因着上帝的荣耀，我果然得胜了，有一两天的时间，我重新以受造之物的身份有意识地去依靠上帝，从正确的源泉汲取力量。然而，当危机撤去，我的整个本性又跳回到那些玩具身边：求神饶恕我，我甚至急不可待地要把危机时期唯一的心灵支柱挪去，因为它现在让我想起那些时日的痛苦忧闷。所以说，苦难存在的必要性固然可怕，却是不容否认的。上帝能够在四十八小时内拥有我，是因为他拿去了我生命中除他以外的一切。我一心巴望神能够收刀入鞘，哪怕片刻也好，当他洗涤我的灵魂时，我却心生厌恶——我不住地摇晃，想要抖干那洗涤的圣水，然后马上逃开，重回我习以为常的心灵污淖，无论是最近的肥料堆，还是最近的花圃。这就是为什么上帝只有看到我们悔改，或者认定我们悔改无望，才会终止苦难。

第二，当我们思考痛苦本身，思考这个苦难体系的中心点，我们必须小心翼翼，只去关注我们晓得的，不去关注我们不晓得的。这就是本书围绕人类痛苦展开的原因之一，我们将用单独一章来讨论动物的痛苦。我们晓得人类的痛苦，至于动物的痛苦，我们只能推测。不过，即使是在人类当中，我们也只能通过观察掌握论据。在小说家和诗人笔下，痛苦的后果可能全是坏的，受苦者也可能心生苦毒，理直气壮地做出残忍行为。当然，痛苦跟快乐一样，是可以获得的：作为拥有自由意志的受造之物，人类所获得的一切必然具备两面性，不是以施予者的身份，也不是当作礼物来获取，而是以接受者的身份。[①] 必须再次说明的是，如果旁观者不断向受苦者灌输说，痛苦导致恶果是理所当然的，承受这些恶果代表了英雄气概，那么，痛苦的恶果便会加倍。为别人的痛苦义愤填膺，固然是一种慷慨的情感，不过，我们

---

① 关于痛苦本质上的两面性，参见附录。

必须好好把握这种情感，否则，它便会偷走受苦者的忍耐和人性，同时在受苦者心中种下暴怒和愤世嫉俗的根苗。不过，如果没有那些管闲事者的忿忿不平，我相信，从本质上讲，痛苦不会制造出类似的恶。再也没有什么地方比前线战壕和伤患看护系统（C. C. S.）更充满仇恨、自私、背叛和欺诈了。我曾见过有些人承受着巨大的痛苦，灵里却焕发出光彩；我曾见过有些人经过苦难，后大半生却越过越好；我曾见过最后的疾患成为一种财富，让许多原本没有希望的灵魂生出坚毅和温顺来。我也曾见过那些受人爱戴的历史名人，例如约翰逊和古柏[①]，他们都曾经历过安逸之人无法忍受的痛苦。如果说这个世界是"造就灵魂之谷"，一点也不为过。至于贫穷——这潜在包含了其他痛苦的痛苦，我不敢从个人角度妄加评断；基督徒认为贫穷是祝福，那些拒绝基督教信仰的人根本听不进去。不过，有一件非凡的事实，刚好可以助我一臂之力。有些人以轻蔑的态度否定基督教信仰，他们对富人嗤之以鼻，也就是说，对除穷人以外的所有人嗤之以鼻。他们认为，唯有穷人"偿清了债务"，穷人肩负着全人类的希望。他们的说法有别于贫穷乃是恶果的观点，他们似乎认为贫穷于人有益。

① 威廉·古柏（William Cowper，1731－1800），杰出的英国教会诗人，作品包括叙事长诗《痴汉骑马歌》（*The Diverting History of John Gilpin*）。——译注

第六章　人类的痛苦(续篇)

一切事物，照着它们应有的状态，都符合第二种永恒的法律；即使不符合第二种永恒的法律，它们也一定符合第一种永恒的法律。

——胡克

《论宗教政体的法律》，I，iii，第 1 页

本章将提出六个论点，这对完整论述人类痛苦的问题十分必要，六个论点之间不存在因果关系，所以，这六个论点的顺序可以任意排列。

1. 苦难在基督教教义中是一个充满矛盾的概念。贫

穷的人有福了，不过，从“公正”（即社会公正）和行善的角度看，我们应当尽可能地消除贫穷。受逼迫的人有福了，不过，为了逃避逼迫，我们会从这城到那城，会祈求上帝让我们免受逼迫，就像我们的主耶稣在客西马尼[1]的祷告一样。然而，如果受苦于我们有益，我们应该寻求苦难，为何要逃避呢？我的答案是，痛苦本身不是一件好事情。经历痛苦的好处在于，受苦者会因此顺服上帝的意志，旁观者会因此生出同情心，而同情心又会发展成仁慈的帮助。在这个堕落而又部分得救的宇宙里，我们必须分清以下几点：(1)来自上帝的纯粹的良善(simple good)，(2)来自背叛之人的纯粹的邪恶(simple evil)，(3)上帝通过恶这一工具实现救赎的目的，从而产生了(4)复杂的良善(complex good)，它是由人接受苦难、认罪悔改而实现的。上帝可以从纯粹的邪恶中制造出复杂的良善，因着上帝的怜悯，恶人可以得救，不过，这一事实并不能成为那些纯粹作恶者的借口。弄清这一点是问题的关键。人一定会作恶干犯上帝，不过，作恶之人十分可悲；罪的确可以引发上帝丰富的恩典，不过，我们绝不能以此为借口继续犯罪。十字架上的受难是最美好也是最悲伤的历史事实，然而，犹大所扮演的是纯粹恶者的

---

① 耶稣基督受难前祷告的地方。——译注

角色。我们应该把这个道理应用在他人受苦的问题上。一个仁慈的人为了邻舍的益处而帮助邻舍，这是“上帝的旨意”，这个人乃是有意识地跟“纯粹的良善”合作。一个残忍的人欺压邻舍，这是纯粹的邪恶。不过，无论作恶的人自己是否晓得，也无论他是否愿意，上帝乃是利用他来制造复杂的良善——因此，前一个人做了上帝的儿子，而后一个人做了上帝的工具。你必定会完成上帝的目的，无论你怎样行事，不过，你所行的是像犹大还是像约翰[①]，这中间有着天壤之别。说起来，整个人生体系的设定都围绕着义人与恶人的对立冲突，义人通常会继续追求纯粹的良善，在这个前提下，上帝允许恶人作恶，是因为上帝可以使恶结出善果，恶人最终会变得坚强、忍耐，得蒙怜悯和饶恕。我在这里使用了“通常”一词，因为人有时候有权向他人施加痛苦（在我看来，甚至有权夺去他人的性命）；不过，只有在紧要关头，为了明确的良善目的，并且施加痛苦者拥有确定的权威，才能这样做——例如，父母的权威来自爱的天性，行政官员和士兵的权威来自社会，外科医生的权威来自病人（在大部分情况下）。有人声称，可以把上述特殊原则变成对他人施加

① 耶稣的十二门徒之一，是圣经《约翰福音》的作者。——译注

痛苦的普遍原则，理由是“痛苦对他们有益”（就像马洛[1]在《帖木耳大帝》里面狂妄地自诩为“上帝的鞭子”），其实，这种做法并不能破坏上帝的计划，只不过是在上帝的计划内自愿充当了撒旦的角色。如果你为撒旦效力，你就得当心了，因为你的工价是从撒旦那里得的。

关于逃避自身痛苦的问题，答案类似。有些禁欲主义者使用了自古的手段。作为一名平信徒，我对这种行为不发表任何意见；不过，我坚持认为，无论苦有何效果，它不同于来自上帝的苦难。每个人都知道，禁食跟因贫穷挨饿截然不同。禁食强调用意志抵制食欲——它可以实现自制，同时也容易使人陷入骄傲：自愿的禁食是使食欲和自我意志顺服上帝的旨意，禁食既是我们顺服的机会，也容易招致背叛的危险。然而，痛苦之中蕴含的救赎目的主要是为了消除一切叛念。禁欲本身强化了自我意志，因此，这种做法的唯一用处在于使禁欲者运用意志规整自己的房子（即情感），准备好把自己整个人交给上帝。作为手段，禁欲主义做法有其必要性；作为目的，它们便令人反感，因为，用意志

---

① 马洛（Christopher Marlowe，1564－1593），是莎士比亚前英国戏剧界最重要的人物，代表作有《帖木耳大帝》（*Tamberlaine*）、《浮士德博士的悲剧》（*Doctor Faustus*）和《马耳他岛的犹太人》（*Jews from Malta*）。——译注

代替食欲,抑制食欲,只不过是用恶魔的自我来代替动物性的自我罢了。所以说,"只有上帝能够禁止欲望"。人类只有通过合法手段去脱离本性恶,获得天然良善,假设世间存在苦难,受苦才有意义。为了把自我意志交托给上帝,我们必须先拥有自我意志,而这个自我意志又必须有具体目的。基督教的克己并不是斯多葛主义的"冷漠无情"(Apathy),而是甘心乐意地把上帝摆在高于其他一切目的的位置上,尽管其他一切目的本身可能是合理合法的。因此,那个完美的人[①]才会在客西马尼苦苦祈求,祈求天父让他免受苦难和死亡,前提是这个祈求符合天父的旨意,倘若不符合,他甘愿顺服父的安排。有些圣徒建议,我们从成为基督徒那一刻起,就要做到"完全克己";不过,我认为,这意味着我们应该甘心乐意地预备好遵从上帝对我们的每样的克己要求[②],因为,人不可能一面毫无自我意志地度过分分秒秒,一面顺服上帝。那么,顺服的"内容"是什么?声称"我的意志就是使我的意志服从上帝的旨意",第二个"我的意志"缺

① 这里指的是主耶稣。——译注

② 参见劳伦斯弟兄所著的《与神同在》(*Practice of the Presence of God*),第四次谈话(1667年11月25日)。其中提到"发自内心的克己"(one hearty renunciation)乃是指"拒绝一切和神发生隔阂的事物"。

乏具体内容。毋庸置疑,我们都竭尽全力想要逃避自身的痛苦:以合法方式、不时在潜意识里盼望逃避痛苦,这符合“人的本性”——即符合人作为受造之物的生命体系,通过苦难实现的救赎正是为这个生命体系设定的。

因此,有些人说基督教的痛苦观跟强调改良世界(即使是暂时的)的观点相矛盾,这种说法是完全错误的。我们的主耶稣曾经用生动的比喻阐述了“审判”(the Judgement)的概念,主把一切美德浓缩为行善二字:尽管把这个比喻从整个福音中单独抽出来可能造成误解,但是,它足以说明基督教的社会道德基本原则。

2. 既然苦难是救赎的必要因素,我们必须明白,直到上帝看到世界获得了救赎,或者认定其得救无望,苦难才会终止。所以,某些人承诺,认为只要改善经济、政治或者福利状况,就能在人间缔造天国,基督徒不能听信这种言词。有人以为这样讲会打击社会工作者的积极性,事实并非如此。相反,作为人类的一分子,能够强烈地意识到我们的共同痛苦,既可以激励我们尽自己所能消除苦难,同时也可能让人想入非非,引诱我们去僭越道德规范,实现那些狂野的幻想,最终落得一场空。有种理论认为,憧憬人间天国才能以无限热情去铲除现存的邪恶,如果把这种理论应用在个人生命当中,其荒谬性便会立即暴露无遗。饥肠辘辘的人寻找食物,疾病缠身的人渴望医治,尽管他们知道自己得到了食物和医治,生活中的起起伏伏仍然在等着他们。当然,我不是在讨论社会制度的巨大变革是好是坏;只是想提醒读者,不能把某一种药当作长生不老的金丹。

3. 既然触及政治,我必须说明一点,基督教的交托自我和顺服教义是纯理论上的,绝非政治主张。关于政府的形式、世俗政权和公民服从,我不发表任何意见。受造之物理应顺服上帝,这种顺服的类型和程度是独一无二的,因为,受造之物跟造物主之间的关系是独一无二的:我们不应该从中得出任何结论去为政治主张服务。

4. 我相信,基督教关于痛苦的教义阐述了一条定理,关乎我们生存的这个世界,而这条定理似乎令人难以理解。我们都渴望得到享乐、安逸,上帝却借着这个世界的特性阻止我们拥有这两样东西:不过,上帝处处播撒了欢乐、满足和喜悦。我们不可能高枕无忧,但是,我们拥有许多乐趣,有时候甚至是狂喜。要发现这其中的原因并不困难。我们所渴求的安逸叫我们的心随从世界,从而成为我们归向上帝的绊脚石:然而,在片刻之间享受甘美的爱情、怡人的景致、恢宏的交响乐章、与友人的欢聚、舒适的沐浴和酣畅淋漓的足球比赛,却并不会导致上述恶果。在我们奔走天路的旅程中,慈爱的天父预备了可爱的客栈,让我们的身心得到休憩，不过，他并不愿意我们误把客栈当作真正的家。

5. 我们绝不应该把痛苦描上更为阴惨的色调，就像有些人信口所言——“人类的痛苦加起来是不可想象的”。假设，我闹牙痛，疼痛强度为 x，而你恰好坐在我身边，并且也受着牙痛的折磨，疼痛强度同样为 x。你可能会说，这个房间里的疼痛总数是 2x。不过，你必须记住，没有人在承受 2x 的疼痛：无论何时何地，你都找不到一个人经受几个人的疼痛。压根没有疼痛总和这回事，因为没有人经受过它。如果我们的疼痛已经达到了人类所能承受的极限，无疑，这疼痛非常可怕，不过，这也已经是天下最大的疼痛了，另外一百万人的疼痛并不会使这疼痛增加。

6. 在所有的恶当中，痛苦是唯一不会衍生的恶，或者说是不会传染的恶。思想的恶或者过犯可能再度发生，因为第一个过犯的起因（比如疲劳或者书写不畅）没有消除；不过，除此之外，过犯本身也会衍生出新的过犯——如果论证的第一步存在谬误，那么随后的论证全都站不住脚。人会再度犯罪，因为起初的诱惑依然存在；不过，除此之外，罪本身也会衍生出新的罪来，因为，罪强化了有罪的习惯，同时弱化了良知。痛苦跟其他的恶一样，也会反复出现，因为第一个痛苦（或者第一个疾病、第一个仇敌）产生的原因依然在起作用：但是，从本质上讲，痛苦本身是不会衍生的。

痛苦一旦停止，便是真的停止了，其自然结果乃是喜悦。我们还可以通过其他方式诠释痛苦这种有别于过犯和罪的特性。当你犯了错误，你不仅要除去错误的诱因（疲劳或者书写不畅），还要更正错误本身；当你犯了罪，如果有可能的话，你不仅要除去起初的诱惑，还要认罪悔改。无论遇到哪种情况，“改正”都是必须的。痛苦则不需要“改正”。你可能需要去治疗引起痛苦的疾病，不过，痛苦一旦结束，便不会衍生出新的痛苦来——而每一个未更正的错误和未悔改的罪本身都将成为新的错误和罪的泉源，并会一直涌流不止。必须再次说明的是，当我犯了错误，我的错误会影响每一个相信我的人。当我公开犯罪，旁观者要么姑息我的罪，果真如此，他们就在我的罪上有份；要么定我的罪，果真如此，他们便面临丧失仁慈和谦卑的危险。不过，从本质上说，痛苦不会对旁观者（除非他们已完全堕落）造成恶劣影响，相反，还有益处——这益处便是怜悯之心。这样，上帝便利用恶制造出“复杂的良善”；总的来说，罪恶可怕的属性便是其衍生性，然而，被上帝利用的恶大都是不会传染，也不会衍生。

第七章　地　　狱

哦，士兵们，世界是什么？
世界就是我：
我，是不绝的风雪，
是北方的长空；
士兵们，荒凉孤寂之所，
我们将要前往停泊，
那就是我。

——德拉梅尔①
《拿破仑》

① 德拉梅尔(Walter de la Mare，1873－1956)，英国诗人和小说家。——译注

理查爱理查；那就是说，我就是我。[①]

——莎士比亚

通过上一章的论述，我们知道，痛苦本身可以使恶人认识到情况不妙，也可能导致毫无悔改的终极背叛。事实上，人拥有自由意志，因此，上帝赐给人的所有天赋都具有两面性。从这些前提可以看出，由于每个灵魂各不相同，上帝对世人的救赎未必一定实现。因为，有些人不能得救。如果我有这个能力，我最想从基督教教义当中删除的就是这条。不过，这条教义在《圣经》里面有着充分依据，主耶稣的训导就是证明；基督教信仰一直持守这条教义；理性也支持这条教义。比如，要开始一场游戏，就要做好输的准备。如果说，受造之物的快乐在于把自我交托给上帝，受造之物必须自己完成这种交托（尽管有许多人可以帮助他），但是，他有可能拒绝这样做。如果能真诚地说一句“所有人都能得救”，我会不惜任何代价。然而，我的理智反问道：“他们自己是否愿意？”如果我说“他们不愿意”，我将立刻陷入矛盾；自我交托这个绝对自觉自愿的行为怎么可以是违心的？如

① 参见莎士比亚戏剧《理查三世》。——译注

果我说“他们愿意”，我的理智便又问道：“他们不愿意怎么办呢？”

主对于地狱的论述如同主的其他训导一样，是针对人的良知和意志，而不是针对我们的好奇心。如果主的教训说服了我们，使我们晓得自己可能面临怎样可怕的结局，并且愿意开始悔改，那么，这些教训便达到了其原始目的；如果世人皆为相信主训导的基督徒，我们就不必讨论这个问题了。事实是，人们常常抓住这条教义指责基督教教义如何残酷以及上帝如何不良善。我们都知道，这是一条不讨人喜欢的教义——实际上，我也从内心深处反感它，因为，它让人想起相信它会造成多少人生悲剧。至于不信它又会造成多少悲剧，我们却知之甚少。正因为如此，讨论这个问题才显得十分必要。

问题不单单是上帝如何使一部分受造之物遭受最终毁灭。基督教信仰一向如实反映错综复杂的现实，给我们提出了一些争议性问题，甚至是含糊不清的问题——上帝充满了仁慈，他降世为人，受难而死，拯救他的受造之物脱离最终灭亡，然而，当这种英雄式的拯救在某些人身上不奏效时，上帝似乎不愿意，或者没有能力阻止他们走向最终灭亡。我刚才还宣称自己愿意“不惜一切代价”删除这条教义，那是在撒谎。上帝已经为此付出了代价，而我连上帝所付代价的十分之一都给不起。现在，真正的问题在于：尽管上帝无限慈爱，地狱却依然存在。

我不想去论证关于地狱的教义如何有道理。让我们不要再犯错误了；这条教义根本令人无法接受。不过，我认为，通过批判针对这条教义的反对意见，我们可以证明，它具有道德意义。

首先，许多人心里都反对报应性惩罚(retributive punishment)。在前面某一章当中，我们已经部分讨论了这一概念。如果除去惩罚和报应这两个概念，一切刑罚似乎都将失去公正性；公义的核心也似乎包含在报复心态(vindictive passion)之中，人们不希望看到恶人作恶却安然无恙，要让恶人也尝尝他带给别人的痛苦。我在前面讲过，痛苦在背叛的城堡里插下一面真理的旗帜。当时，我们讨论了痛苦如何引发悔改。那么，一旦痛苦不能引发悔改，又将如何？痛苦插下真理旗帜之后，如果没有攻克城堡，结果会怎样？让我们诚实地面对自己。想象一下，一个人发财致富，或者赢得权力，乃是靠着背叛和残忍，出于纯粹自私的目的利用受害者高尚的情感，并且嘲笑他们的单纯；这样的人，即使获得了成功，也会用成功来满足欲望，发泄仇恨，最终像盗贼一样背叛自己的功名，在最后迷乱的幻灭之中嘲笑自己的成就，丧尽残余的一点荣誉。我们可以进一步假设，倘若他如此行，却没有感到丝毫痛悔不安，反倒饱食终日，高枕无忧——整天乐不可支，面色红润，对周遭世界漠不关心，并且自信满满，认为定能解开人生的迷题，他唯我独尊，把上帝和别人都看成傻瓜，觉得自己既成功又满足，简直无懈可击。在这里，我们必须警惕一点。哪怕有一丝一毫陷入报复心态，都是犯了致命的罪。基督徒应该保持仁慈之心，基于这一点，我们必须尽一切努力去帮助这样的人归主：一心一意盼望他悔改，不惜付上我们生命的代价，甚至我们灵魂的代价，而不能盼望他遭受惩罚。倘若他不愿归主，想想看，在永恒世界里，他的命运将会如何？难道你真希望这样的人，照着他实际的样子，永远享受眼下的快乐吗？真希望他永远深信自己能笑到最后？如果你不能容忍这些想法，难道只是因为你对他们心怀恶意，不屑一顾？还是因为你发现自己内心真正思忖的是正义和怜悯之间的冲突，就像老套神学里提到的？而这种感觉到底是从上面来的，还是从下面来的？你的感动不是要恶人遭受痛苦，而是一种真诚的道德愿望，巴不得或早或晚，公义得以实现，那插在可怕背叛灵魂之中的真理旗杆得以稳固，不管那堡垒随后是否能被更全面、更彻底地攻克。从某种意义上讲，哪怕一个人永远不可能弃恶从善，只要他能认识到自己的失败和错误，就是好的。仁慈之心也不希望这样的人永远心满意足地抱着可怕的错觉不放。托马斯·阿奎那论述过有关痛苦的问题,亚里士多德论述过有关羞耻心的问题,他们认为,痛苦和羞耻本身不是一件好事情;不过,两者在特定条件下会产生益处。就是说,痛苦能够让人形成一种认识,觉察到恶的存在,因此,相对而言,这是好的;否则,人的灵便会对恶毫无知觉,或者对恶与灵性的矛盾毫无知觉,哲学家指出,无论是"哪种情况",都"无疑是坏的"。① 我想,尽管我们听了不免胆战心惊,但是,我们不得不点头称是。

如果这样的人依然故我,要求上帝饶恕他,便是混淆了赦免和饶恕的概念。赦免一样恶意味着完全忽略它,把它当作善来看待。然而,完全的饶恕不仅意味着接受饶恕,还意味着上帝施予饶恕:一个不肯认罪的人不可能得到上帝的饶恕。

我在本章起始部分提到了地狱的概念,指出地狱是上帝用来完成公义、施行报应的地方,因为,人们最反感关于地狱的教义,我想对付的,正是这条最强烈的反对意见。不过,尽管我们的主经常教导说,地狱是最终审判,他也指出,因为人不爱光倒爱黑暗,定他们的罪就在于此,审判人的不

---

① 《神学大全》,I,II^{ae},Q. xxxix,Art 1。

是主，乃是主所讲的“道”。[1] 所以，我们是自由的——既然从长远角度讲，这两条教训是一致的——恶人死后下入地狱，这不是强加给他的审判，乃是他照着自己本来的样子应得的。丧失了灵魂的人有一个特点，就是“拒绝一切非己的东西”。[2] 我们不难想象，自我中心者试图把一切划入私有领地，使其沦为自我的附属品。只要他的肉体仍然引诱他跟外部世界发生基本联系，他就会压制对他人的关心，而这种关心恰恰是行善所必需的。死亡会终止他跟世界的最后联系。他始终怀着一个愿望——完全躺在自我里面，充分利用他在其中找到的。而他所找到的，正是地狱。

另一种反对意见强调，永远的咒诅跟短暂的罪并不相称。如果我们只把永恒当成时间的延续，那么，两者的确不相称。不过，许多人对永恒有着不同的认识。如果我们把时间看作一条线——这是一种形象的比拟，因为时间的各个阶段是接续的，两个时间段不可能同时存在；也就是说，时间是纵向的，不是横向的——我们可能应该把永恒看作一个平面，甚至一个立体。这样一来，人类的整体现实就可以用立体来表现。这个立体是上帝的工作，是上帝通过荣

---

① 圣经《约翰福音》3:19，12:48。

② 参见冯·许格尔(von Hügel)，《论文讲道集》，第一系列，《我们如何看待天堂与地狱》(*What Do We Mean by Heaven and Hell?*)。

耀和大自然完成的，然而人的自由意志导致人的在世生命具有了基线：如果你把自己的生命基线画得歪歪扭扭，你的生命立体便建立在错误的根基上。生命短暂，这是个事实；在整个复杂的生命图象中，我们自己只不过画了一小段线条，这是个象征；无论从事实上看，还是从象征上看，这都是出于上帝的仁慈。因为，就连这一小段线条，我们有时候都画不好，以至于破坏了整个生命图象，上帝若让我们承担更多任务，后果将不堪设想。第二种反对意见还有一种更简单的表达形式，那就是，宣称死亡不是终结，还应该有第二次机会。[①] 我认为，能得到一百万次机会固然好，不过，即使孩子们和家长不知道，校长却知道，让一个孩子参加同样的考试毫无用处。最后的终结总会到来，无论人们确信与否，万能的上帝晓得它来临的时间。

第三种反对意见着重于地狱痛苦的可怖，就像中世纪文学所渲染的，事实上，《圣经》某些章节也进行了诠释。冯·许格尔警告我们，不可将地狱教义本身同它所描述的画面混为一谈。我们的主曾经用三个比喻来形容地狱：第一是刑罚（“永刑”，《马太福音》25：46）；第二是毁灭（“惟有

① 不可把“第二次机会”这个概念跟“炼狱”（Purgatory）的概念混淆（炼狱是针对已经得救的灵魂），也不可跟“灵薄狱”（Limbo）这个概念混淆。

能把身体和灵魂都灭在地狱里的，正要怕他”，《马太福音》10:28)；第三是在“外面的黑暗”里遭受缺失、排斥和放逐，就像人不肯穿新衣的比喻[①]和聪明童女、愚拙童女的比喻[②]一样。地狱常被描绘成永火，这一比喻非常有意义，因为它把惩罚和毁灭两个概念结合在一起。既然确定无疑的是，所有这些描述都暗示了地狱难以名状的恐怖，我认为，任何回避这个事实的解释从一开始就不合法。不过，我们不必一味强调刑罚的比喻，而把毁灭和缺失的比喻排除在外。试想，如果三个比喻同等重要，又将如何？我们自然应该假设毁灭意味着消亡、终止和毁坏。按照人们常说的那样，“灵魂的消亡”似乎是内在可能的。根据我们的经验，一样事物的毁灭意味着另一样事物的出现。烧圆木，你便得到气体、热和灰烬。“本来是圆木”这句话的意思是圆木已经变成了现在这三样东西。如果灵魂会毁灭，是否意味着“灵魂本来存在”？或许，应该说这种情形既是刑罚，又是毁灭和缺失？你一定记得，在《圣经》的比喻当中，得救的人将要去为他们预备好的地方，而被咒诅的人将要去的地方不是

① 参见《马太福音》9:16，《马可福音》2:21，《路加福音》5:36。——译注

② 参见《马太福音》25:1－13。——译注

为人预备的。[1] 要进天堂，你必须比在世的时候更具有人性；下地狱的，则没有人性。被投入（或者说自投）地狱的不是人，乃是“剩余物”。一个完全的人意味着使自己的情感顺服意志，又将意志交托给上帝：反之，“本来是人”，或者说“从前是人”、“受咒诅的魂”是把意志完全摆在自我中心上。这样一个受造之物的意识当然是不可想象的，因为，他已经成了由相互对抗的罪形成的松散的集合体。有句话说：“地狱之所以是地狱，不是从地狱自己的角度看，而是从天堂角度看的。”我不认为此话会削弱我主训导的严厉性。只有受咒诅的，才无法承受其最终命运。有一点必须承认，那就是，在后几章里，我们思考了永恒的问题以及痛苦和快乐种类的问题，到目前为止，这些问题让我们后退一步，看清一幅更为广阔的善恶图景。痛苦和快乐都无权做出最终的判语。即使失丧的灵魂不会感受（如果可以称之为“感受”的话）到任何痛苦，只会感受到许多快乐，那种黑暗的快乐就像把一个灵魂（不仅是受咒诅的灵魂）带到恶梦般恐怖的祈祷面前一样：即使天堂里有痛苦，那些真正理解其意义的人反而会盼望经受痛苦。

第四个反对意见是，没有一个仁慈的人可以在天堂享

① 圣经《马太福音》25：34，41。

福，只要他知道还有一个灵魂在地狱里受煎熬；这样说来，难道我们比上帝更仁慈么？在这条反对意见背后是一幅想象画面，认为天堂和地狱同时存在于直线性的时间段内，就像英国和美国同时存在一样：于是，在每一个蒙福的时刻，人们都可以说："地狱的痛苦此刻正在继续。"不过，我注意到，我们的主一方面以严厉措辞强调地狱的可怖，另一方面，他通常只强调终结性，而不是延续性。恶人被投入地狱的永火之中，这是故事的结局，而不是新故事的开头。失丧的灵魂被永远打上了恶魔的烙印，这一点毋庸置疑：然而，这种状态是否蕴含着无限延续性，或者永恒延续性——我们便不得而知了。关于这一点，埃德文·比万博士[①]提出了一些有趣的猜想。[②] 我们对天堂的知识远比对地狱的知识多，因为，天堂是天家，里面全是高尚的人：而地狱不是为人预备的。它跟天堂之间毫无相似之处：它是"外面的黑暗"，是堕入虚无的边缘地带。

最后一条反对意见提出，单个灵魂的最终失丧意味着全能上帝的失败。事实确是如此。全能的上帝创造了具有

---

① 埃德文·比万博士（Edwyn Robert Bevan，1870－1943），英国古希腊哲学家和历史学家，著有《象征与信仰》（*Symbolism and Belief*）。——译注

② 《象征与信仰》，第 101 页。

自由意志的人类，从一开始，他便甘愿忍受这种失败的可能性。你可能称之为失败，不过，我称之为神迹：因为，在自身以外创造人类，又被自己创造的产物拒绝，我们可以说，这对神圣的上帝而言的确是最惊人、最不可想象的失败。我很乐意相信那些受咒诅的灵魂从某种意义上讲获得了成功，因为他们背叛到底；也乐意相信地狱之门从里面锁上了。我不是说那些鬼魂不想从地狱里挣脱，大体上说，恶人朦胧地“希望”得到快乐，就像一个心怀嫉妒的人朦胧地“希望”幸福一样：不过，他们却连放弃自我这个前提也不愿接受，而放弃自我是灵魂归回良善的唯一途径。他们永远陶醉在可怕的自由当中，他们要求得到这样的自由，却因此成了自我的囚徒：而那些蒙祝福的人永远使自我屈从于对上帝的顺服，因而在永恒里获得了越来越多的自由。

从长远角度讲，面对那些反对地狱教义的人，我们可以用一句提问作为回答：“你想要上帝做什么？”难道要上帝抹去他们以往的罪恶，不惜一切代价给他们一个新的开始，扫除所有的障碍，行神迹帮助他们？然而，我们的神已经这样做了，在十字架上。饶恕他们？他们不配得到饶恕。任凭他们？唉，我想神正在如此做。

我已经提醒过读者。为了让现代人理解这一切，我冒险在本章勾勒了恶人的肖像，我所指的是公认的十恶不赦之徒。不过，一旦这幅肖像起了作用，读者就应该把它忘得干干净净。在一切关于地狱的讨论当中，有一点我们应该谨记于心，那就是，有可能受咒诅的不是我们的敌人和朋友（因为这违反理性），乃是我们自己。这一章讲述的并非关于你的太太和儿子，亦非关于尼禄[①]和加略人犹大；而是关于我和你。

---

① 尼禄（Nero Claudius Caesar Augustus Germanicus，公元37—68），古罗马帝国皇帝，迫害早期基督徒，公元68年在罗马的叛乱中自杀。——译注

第八章　动物的痛苦

那人怎样叫各样的活物，那就是它的名字。

——《创世记》2:19

要发现什么是自然属性，我们必须研究那些保留自然属性的物种，而不是被毁坏的物种。

——亚里士多德

《政治学》，I，v，第5页

尽管动物的痛苦与人类的痛苦相去甚远；不过，自始至终，都有“无辜生灵痛苦的哀声刺破长空”。动物的痛苦是一个骇人的问题；不是因为动物数量众多（我们已经讲过，一百万个生命的痛苦不会超过一个生命的痛苦），而是因为基督教对于人类痛苦的诠释不能应用在动物身上。我们都知道，动物既不会犯罪，也没有道德：因此，它们既不理当受苦，也不会因受苦而得造就。与此同时，我们一定不能把动物受苦的问题当作痛苦问题的核心；不是因为它不重要——对于一切质疑上帝良善的似是而非的依据，我们都必须重视；而是因为它超越了我们的知识范畴。上帝已经给了我们一些信息，好让我们在某种程度上可以理解我们自身的痛苦：关于动物的痛苦，他却没有给我们任何信息。我们晓得，无论动物受造的原因如何，也无论它们是什么，关于动物的痛苦，我们只能推测。上帝是良善的，从这个教义当中，我们可以毫无疑问地推出一个结论：从表面上看，上帝对动物界似乎有一种漠然的残忍，其实，这是一种错觉；事实上，既然我们知道我们切身的痛苦并非上帝残忍所为，那么，我们便容易理解为什么认为上帝对动物冷漠残忍是一种错觉。无论如何，这些都只是猜想。

我们可以首先排除第一章提到的虚张声势的悲观之词。植物以“捕食”彼此来生存，这是“残酷”的竞争，没有任何道德上的重要性。从生理角度讲，“生命”与善恶无关，除非这个生命具有感知能力。“捕食”和“残酷”这两个词都只是比喻修辞。华兹华斯相信，每朵花都“自由地呼吸”，不过，我们无法证明他的说法是正确的。毋庸置疑，活的植物对伤害的反应跟无机物不同；然而，一个麻木不仁的人对伤害的反应更加不同，他们表现得好像没有知觉的生物一样。诚然，我们说一株植物的死亡和遭受蹂躏是一种悲剧，只要我们把这当作比喻，就合乎情理。我们可以用矿物和植物来象征属灵体验。不过，我们不要成了自己比喻的牺牲品。以一片森林为例，如果一半树木存活导致另一半树木衰枯，这片森林一定生长得非常“好”：它的“好”体现在木材的用途和林地的美丽上，只是森林本身无法察觉。

当我们回到动物痛苦的问题上，我们便会遇到三个问题。第一，是事实：动物会遭受什么样的痛苦？第二，是原因：动物界为什么会有疾病和痛苦？第三，是关于公义的问题：动物受苦是否违背上帝的良善？

1. 从长远角度讲，我们并不晓得第一个问题的答案；不过，我们可以推知一二。首先，我们必须把动物进行区分：如果大猩猩能够理解我们的话，它们一定会心怀不平，因为，我们把它们跟牡蛎和蚯蚓划在一起，通称为“动物”，以区别于人类。在某些方面，大猩猩跟人类十分相似，而与蚯蚓大不相同。在低等动物当中，我们找不到哪一种具有感知能力。生物学家把动物跟植物划成两大类,而平信徒则按照感知能力、运动方式和其他特性对动植物进行划分。然而(尽管我们不知道),感知能力必然以某种形式存在,因为,高等动物拥有跟人类非常相似的神经系统。不过,从这个意义上讲,我们必须把感知能力跟意识区别开来。如果你恰好从未听说过两者的区别,恐怕你会大吃一惊,不过,这种区别具有极大的权威性,倘若忽略它,你可能会被误导。假设有三种感觉,一个接一个——第一个是A,接着是B,然后是C。如果是你体验这三种感觉,你就一定要经历ABC的过程。不过,你应该注意这个过程意味着什么。它指的是,在你里面存在一种除了A感觉以外的东西,并且越来越清晰,足以让你觉察到A感觉逐渐消失,B感觉正在出现,并且填补了A感觉的空缺;这种东西在A感觉转向B感觉、B感觉转向C感觉的过程中同样清晰,因此,它宣布"我拥有了体验"。现在,我把这种东西称作"意识"或者"灵魂",而我刚才描述过的ABC过程便可以证明,灵魂虽然经历了时间,却不具有"时间性"(timeful)。最简单的ABC体验是一个接续的过程,它决定了灵魂不是各种不同状态的接续,而是一个永恒的平台,在这个平台上,各种感觉轮流出现,而平台本身永远不变。我们几乎可以肯定地说,任何一种高等动物都具有神经系统,里面充满了各种接续性的感觉。一只动物意识到自己产生了A感觉，又产生了B感觉，然后是B感觉如何溜走，为C感觉让位，这并不意味着该动物具有“灵魂”。如果这只动物没有“灵魂”，它便不可能体验我们所说的ABC过程。套用一句哲学术语，“连续性感知”(a succession of perceptions)的确存在；即有序出现的感知，上帝晓得这些感知为什么以这种方式出现，动物自己却不晓得。然而，“对连续性的感知”(a perception of succession)却并不存在。就是说，如果你对一只动物挥两下鞭子，就有两鞭子的痛苦加在它身上：不过，在它里面却没有一个肯合作的“自我”能够意识到“我受了两鞭子的痛苦”。它甚至对一鞭子的痛苦也毫无意识，因为没有一个自我可以告诉它“我在遭受痛苦”——假如它能够从感觉中意识到自我，即能够把感觉跟感觉的平台区分开来，那么，它也能把两个感觉联系起来，当作它的“体验”。正确的表述应该是“痛苦正在发生在这只动物身上”；而不是我们惯常说的“这只动物正觉得痛苦”，因为，“这只”和“觉得”实际上已经暗暗假设了一件事：在这只动物里面，有叫作“自我”或者“灵魂”或者“意识”的东西存在于各种感觉之上，并且管理着这些感觉，使之成为我们所说的“体验”。我不得不承认，没有意识的感觉是难以想象的：不是我们身上没有产生过这种感觉，如果真有这种感觉产生，我们也只能说自己当时是“无意识”(unconscious)的。事实正是如此。动物对痛苦的反应跟我们相差无几，当然，这并不能说明动物具有意识；好比我们嗅到三氯甲烷气体也会有所反应，在睡梦里还能回答问题一样。

这种无意识的感觉到底具有多大的延伸性，我无从猜测。我们的确很难假设大猩猩、大象和高等家畜在某个层面上没有一个自我或者灵魂可以把各种感觉体验联系起来，并升华为初级“个体性”(individuality)。不过，至少动物遭受痛苦时是没有真正意识的。是我们人类发明了“受苦者”(sufferers)一词，而这是一种“无情的谬论”，妄称动物也有自我，这种说法其实毫无依据。

2. 以前的人们已经把动物受苦的原因追溯到人类堕落之初——整个世界都因亚当非创造性的背叛而遭殃。现在，我们知道，这是不可能的，因为，动物先于人类被创造出来。动物相食(按照这个词包含的意思)早于人类出现。从这个角度讲，我们不可能忘记一个让人不寒而栗的说法，尽管这种说法从未囊括在基督教教义之中，教会里却有许多人相信它，甚至主耶稣、使徒保罗和使徒约翰在讲道中也影射到它——那就是，第一个背叛造物主的受造之物不是人，而是某个受造更早、能力更大、自从背叛以来已经存在了很久的受造之物，现在是黑暗的君王[1]，(从某种意义上说)是世界的掌权者。[2] 有些人喜欢拒绝我主训导中的这些言词：值得说明的是，主不仅倒空了自己的荣耀，还降世为人，忍受当时社会的种种迷信。我肯定地认为，道成肉身的基督不是全能的——如果只因人的大脑无法成为全能意识的载体，就说主的思想受到他大脑容量和形态的限制，那便是对道成肉身事实的否定，是幻影派[3]的说法。因此，即便我们的主曾经发表过任何我们认为"不实的"科学、历史演说，也不能丝毫动摇我对主之神圣性的信仰。不过，有关撒旦存在的教义不属于我们认为的"不实之说"：它跟科学家的发现并不矛盾，只是跟我们持有的含糊不清的"倾向性意见"有所冲突。基于本性，每个人都知道，所有发现得以完成，所有错误得以更正，都归功于那些敢于忽视"倾向性意见"的人们。

所以，我可以提出这样一个合理假设：在人类出现以

---

① 指撒旦，堕落以前是天使长，名叫路西弗，因为骄傲背叛上帝，被上帝从天上赶下来，带领三分之一天使堕落，继续反抗上帝，成为魔君，在末日审判中将被投入地狱火湖。——译注

② 参见圣经《以弗所书》2：2，《约翰一书》5：19，《约翰福音》14：30。——译注

③ 幻影派(Docetist)提出幻影说，异端思想，宣称基督之肉身不是真肉身，而是幻影。——译注

前，有一种能力强大的受造之灵已经在这个物质宇宙或者太阳系中、至少是地球上开始制造邪恶了；起初人类之所以堕落，是因为某种力量的引诱。不可把这种假设视为对邪恶的一般性解读；它仅仅提供了一个实例，说明滥用自由意志会导致邪恶。我相信，果真有这样一股力量存在的话，它会在人类出现以前破坏上帝对动物的创造。动物界存在内在邪恶(intrinsic evil)，是因为动物或者说某些动物依靠互相残杀而生存。植物界也是如此，不过我不会称之为“邪恶”。撒旦使动物败坏，就像他使人类败坏一样。因为，人类堕落的结果之一便是人从人性之中退化出动物性，它本来占据人性的一部分，现在却不再受人性制约。同样，动物也可以退而拥有植物的特性。当然，事实上，许多动物以其他动物为食，从而实现了自然界的平衡，这符合广义道德，假如所有动物都以植物为食，健康无比，生育又无任何节制，就会繁衍众多，结果，它们当中的大多数只能忍饥挨饿。不过，我认为，高繁殖率和高死亡率是相互关联的。如今，性冲动到处泛滥，全无必要，然而，那空中掌权的恶者或许正想借此实现人的自相残杀——以便确保最大数量的人遭受痛苦折磨。说句得罪人的话，在这个问题上，你可能会说“生命力”遭到了破坏，而我会说是邪恶的堕落天使让动物变得败坏。我们说的是同一件事：不过我认为，相信神和魔鬼的神话比相信现实的抽象名词更容易。毕竟，我们的神话比我们所想象的更加贴近真理。让我们不要忘记我们的主有一次曾经讲过，人类遭受疾病不是上帝的惩罚，也不是由于自然原因，乃是撒旦的作为。①

如果这条假设值得我们思考，人类来到这个世界是否注定承担某种救赎任务，这一点同样值得思考。即使是现在，人类比动物更能创造奇迹：我的猫儿和狗儿在同一座房子里相安无事，它们似乎很喜欢这样生活。人的一项职责便是恢复动物世界的和平，如果一个人没有加入仇敌的行列，他一定能够非常成功地完成这一职责，超乎一切想象。

3. 最后，便是关于公义的问题。我们有理由相信，并非所有的动物都像我们认为的那样遭受痛苦：不过，其中至少有一些看起来拥有自我，那么，我们应该如何对待这些无辜的动物呢？我们已经知道，动物的痛苦不是上帝的工作，而是出于撒旦的恶谋，又因人类忘记职责而延续下去；原因不在上帝，不过，经过上帝允许，那么，我们又要问：应该如何对待这些无辜的动物呢？我已经提醒大家，不要提出动物能否不朽这种问题，否则，我就是又向“老处女观点靠

① 圣经《路加福音》13：16。

拢”，又“跟约翰·卫斯理站在一起”[①]。我绝不认为保守童贞直到年老有什么值得轻视，相反，有些年老的童贞女子拥有我所见过的最聪慧的头脑。我也绝不想戏噱地提问，比如“你说蚊子死了会去哪里？”按照这个问题自身的层面，答案应该是：如果恶有恶报，蚊子会上天堂，人会下地狱，把这两点结合在一起方便得很。《圣经》和基督教传统都从未提及动物违反道德这回事，这就是有力的反驳；不过，如果认为基督教启示是一部可以回答任何问题的自然百科全书，那将十分危险。事实并非如此：帘幕揭开了一角，仅仅一角，为了启示具有即刻实践必要性的一切，而不是为了满足我们的好奇心。事实上，即使动物可以不朽，根据我们对上帝启示方法的认识，上帝不可能启示这条真理。就连关于人类不朽的教义都是很晚才出现在犹太教历史当中的。所以，要凭空论证会显得十分苍白无力。

真正的难题是，去假设大多数动物可以不朽是毫无意义的，因为，动物没有“意识”，这一点我们上面讲过。如果一条蝾螈的生命只是由连续性的感觉组成，那么，我们可以说，上帝让这条今天死去的蝾螈复活有什么意义？它不会

---

① 参见卫斯理《布道集》，LXV，《伟大的释放》（*The Great Deliverance*）。

认为自己还是原来的蝾螈；就算它能快乐地感受到自己如今是死而复生的新个体，也不过是以复活的自我作为对它生前痛苦（如果有的话）的一种补偿，我在此用了“自我”一词，然而，关键在于，蝾螈可能并没有自我。基于这个假设，我们说明原本想要说明的问题。所以，我认为，对于那些只具有感觉的动物而言，根本不存在不朽的问题。即使出于公义和怜悯，也不会涉及这个问题，因为，这些动物根本没有痛苦“体验”。它们的神经系统会释放出A、P、N、I等信号，不过，它们不会对这些信号进行解读并形成“痛苦”这一概念。所有动物可能都如此。

然而，我们往往确信，高等动物，尤其是我们驯养的动物，拥有真实的、无疑是初级的自我，如果这不是错觉，那么，这些动物的命运的确值得关注。我们必须避免一个错误，那就是只从它们自身的角度去关注它们。只有通过人和上帝的关系，才能了解人。同样，只有通过人和上帝的关系，才能了解动物和人的关系，进而了解动物。在此，让我们首先来驳斥现代信徒思想中残余的某些观点。他们想当然地把人和动物的共存看作生理互动的偶然结果；人驯养动物纯粹是一个物种对另一个物种的任意干预。对于这些人来说，“真正的”或者“自然的”动物指的是野生动物，而家养动物只能算是人工的、非自然的动物。然而，基督徒绝不应该这样认为。上帝派人管理动物，人对动物所做的要么是合法行为，要么是滥用神所赐权威、亵渎神旨的虐待行为。从深度层面上讲，驯养的动物才是唯一“自然的”动物——唯一生来为叫我们管理的动物，它们才是我们必须应用动物相关教义的对象。到目前为止，我们认为驯养动物具有真正的自我和个性，这几乎应该全部归功于它们的主人。如果一只牧羊犬看起来十分“通人性”，那是因为有一位好牧人把它训练成这样。我前面已经讲过一个神奇的词——“里面”(in)。我认为，这个词在新约《圣经》当中多次出现，意思没什么区别，因此，人在基督“里面”，基督在上帝“里面”，圣灵在教会“里面”，圣灵在每个信徒“里面”，其中“里面”一词具有完全相同的意思。也许，它们不仅包含了单一的意思，而且还包含了彼此呼应的一组意思。我愿意潜心等待真正的神学家来解答这个问题，我并不是想暗示，在某些时候，这个词不仅代表单一意思，也跟其他意思呼应，例如，动物在主人“里面”获得了自我。就是说，你不应该认为动物具有自我，并且称之为“个性”，然后却质问上帝是否会扶助和祝福这样一个自我。你必须思考动物获得自我的整体背景，换言之，“好主人和好主妇在良好的家庭环境当中抚养他们的子女和动物”，这个整体背景正是保罗(或者持有保罗观点的人们)所说的“身体”(body)概念，至于好主人和好主妇会怎样呵护“身体”，有谁能预料呢？考虑这一点十分必要，因为它不仅关乎上帝的荣耀和人类夫妻的幸福，还关乎这个具体世间体验本身的荣耀和幸福。从这个角度讲，我认为，某些动物可能会不朽，不是在它们自己里面，乃是在它们的主人里面。真正的难题在于，通人性的动物是否具个体身份（personal identity），有了上述正确背景，这个难题便迎刃而解。如果你问：对于一只被驯养的动物来说，作为家庭“身体”的一部分，它的个体身份存在于哪里？我会回答：“它的身份存在于它的属世生命之中——即，存在于它跟整个身体，尤其是跟主人的关系之中，主人就是这个身体的头。换言之，主人要了解他的爱犬，爱犬要了解它的主人，通过认识主人，它才能“成为”（be）它自己。若有人问，它是否可以通过其他途径了解自己，恐怕没有任何意义。动物不是那样的，也不愿意那样做。

上面是我用好家庭中的好牧羊犬打的比喻，这个比喻当然不包括野生动物。这个比喻只是从一个特定例子生发的想象——依我看来，它不过是一个普通的、未经扭曲的例子，是有关动物复活理论的总体原则。我认为，对于动物可以不朽这种说法，基督徒完全可以不接受，理由有两个。第一，因为他们担心承认动物有“灵魂”会混淆人和动物之间的差别，因为，在属灵层面，这种差别是巨大的，在生理上，这种差别是模糊的，不确定的。第二，把动物将来的快乐跟其现世生活联系在一起，这不过是对其现世痛苦的一种补偿——用快乐牧场上的许多千禧年当作多年拉车苦役的“赔偿金”，这种证明上帝良善的方法恐怕太不高明了。因为我们堕落成性，所以，我们可能会不自觉地伤害到小孩子和动物，我们所能做的最大“补偿“便是给他们一点爱抚和解馋的东西。不过，若有人以为全能的上帝也如此行事，那就是不敬虔的想法——就好比想象上帝在黑暗当中踩踏动物的尾巴，然后又做出最大补偿一样！从这种笨拙的补偿当中，我看不到一点高明之处；无论答案如何，都应该是一种更好的解释。我所要讲的理论可以避开上述两种反对理由。这种理论认为，上帝居于宇宙的中心位置，人居于属世自然界的次中心位置，动物不是与人协调，乃是从属于人，它们的命运取决于人的命运，取决于它们与人之间的关系。对于一只动物来说，由此产生的不朽不仅仅是一种补救或者补偿，它是新天新地的一部分，与这个世界的堕落－得救的痛苦历程息息相关。

假设（就像我所做的）驯养动物的个性总的来说是主人所赋予的——它们的感觉便在我们“里面”重生为灵魂，而我们的灵魂在基督里面重生为灵性——我自然而然会假设极少数处于野生状态的动物，也获得了“自我”。不过，果真如此的话，如果这些动物符合上帝的良善，它们便可以重生，它们的不朽也跟人联系在一起——并非与某个主人相关，乃是与全人类相关。就是说，如果人类传统上赋予某种动物具有准灵性(quasi-spiritual)价值或者情感价值(例如人类认为羊羔生性“纯洁”，狮子具有王者风范)，而某种价值又在动物天性中找到依据，那么这种价值便不仅是任意或者偶然推断，基于这一点，或者说，照这个道理，动物可能陪伴主人上天堂，成为他的“随从”。如果人类传统上赋予动物的个性是错误的，那么，动物在天堂的生命①便取决于现世中它们在主人生命里所起的作用，具体情形，我们便不得而知了：因为，如果基督教宇宙观从任何意义上讲都是真实无误的(我没有说从字面意义上讲)，那么，生活在这个星球上的一切生物都跟人有关，甚至那些在人类出现以前就已灭亡的生物，它们也被视为预告人类出现的无意识的先驱者。

当我们谈论距离我们很遥远的野生动物和史前动物时，实在不知所云。它们很可能没有自我，也不知道痛苦。

---

① 指的是动物参与人在基督耶稣里面对上帝的天堂生命；否则，单单提出动物拥有“天堂的生命”(heavenly life)这一概念是毫无意义的。

每个物种甚至都可能拥有一个群体自我(corporate self)——就像狮子属性(并非狮子本身)在上帝创造之工中便存在,并且要在万物复兴(restoration of all things)之时重新出现。如果我们连自己的永恒生命都不能想象,就更不能想象动物作为我们"一分子"的永恒生命了。如果现世的狮子可以读懂关乎升天堂那日的预言,它便会像牛一样吃草,还会认为该预言是关于地狱,而不是天堂的。如果狮子里面除了食肉性没有任何其他东西,那么,它便是"无意识的",它的"幸存"便毫无意义。然而,如果狮子具有初级的"狮子自我"(Leonine self),如果它讨神喜悦,神也可以给它一个"身体"——这个"身体"不再以捕杀羊羔为生,而拥有了完全的"狮子自我",从这个意义上讲,此时的"狮子自我"具有现世狮子里面所蕴含的能量、尊荣和欢欣鼓舞。我认为(当然,我的观点有待更正),《圣经》中的先知说狮子和羊羔同卧,[①]其实是运用了东方式的夸张修辞手法。这种说法实际上并不适合羊羔。让狮子和羊羔同伙(除非在农神节[②]这种罕有的混乱时刻),等于既没有狮子也没有羊羔。我觉得,即使狮子不再具有危险性,它仍是可畏的:那

---

① 原文为牛犊,作者在这里是一般性指代。参见圣经《以赛亚书》11:5。——译注

② 古罗马节日,从12月17日到12月23日连续7天。——译注

时，我们将会发现，狮子的尖齿和厉爪成了可怕的赝品。它依然拥有金色的鬃毛；这种时候，好公爵[1]一定会说："让它再次发出怒吼吧。"

---

[1] 汉弗莱·普兰他日奈（Humphrey Plantagenet，Duke of Gloucester，1390－1447），英格兰贵族，以率先支持英国的人文主义者闻名，被人们称为好公爵汉弗莱（Good Duke Humphrey）。汉弗莱是亨利四世（英格兰）和他的首任妻子玛丽·德·博亨（Mary de Bohun）的第五个儿子。——译注

第九章　天　　堂

你们务要，

唤醒你们的信仰。然后全体伫立；

若有人以为我行的是不合法的邪术，

我定会，让他们走开。

——莎士比亚

《冬天的故事》①

饱尝你丰厚的怜悯，请让我死去，

① 参见莎士比亚《冬天的故事》，第五幕，第三场。——译注

这死亡是每个活灵魂的渴想。

——古柏译

《盖恩夫人诗集》[1]

使徒保罗说："我想，现在的苦楚，若比将来要显于我们的荣耀，就不足介意了。"[2]既然如此，那么，一本关于痛苦奥秘的书若没有讲到天堂，就等于遗漏了论述的重大方面。《圣经》和基督教传统习惯上将天堂的喜乐跟世间的苦难进行对比，除此之外的其他答案一定不是基督教对痛苦问题的解答。如今，我们甚至羞于提到天堂。我们害怕被人嘲笑，说我们的想法不过是"无法兑现的空头支票"，一旦遇到这样的冷言冷语，我们便会想方设法"逃避"责任，这责任原是要我们把眼前的快乐世界变成我们所渴望的另一个美好世界。不过，事实只有两种可能，要么真有天堂，要么没有。如果没有，基督教信仰便是一派胡言，因为，这条教义是整个信仰的

---

① 盖恩夫人（Madame Guion，1648－1717），是法国天主教徒。盖恩夫人的一生受过许多苦难，却从不怨天尤人，把这一切看作是神许可的，是神所用的杖。著有《馨香的没药》、《简易祈祷法》。——译注

② 圣经《罗马书》8:18。

一部分。如果有,我们便必须面对这条真理,像面对其他真理一样,不管它是否具有政治意义。有必要再次说明的是,我们害怕天堂是个诱饵,一旦我们把它设定为目标,便再也无法把心转向别处。事实并非如此。天堂不会给唯利是图的灵魂提供任何东西。只有心灵纯洁的人才能见到上帝,因为,只有他们才盼望见到上帝。有些奖赏只赐给动机纯正的人。一个男子爱一个女子不是为了谋取利益,只因为他想要娶她;一个人热爱诗歌也不是为了得到好处,只因为他想要欣赏美文;一个人喜欢运动,只因为他想要奔跑、跳跃、行走。爱,从定义上讲,就是为了享受被爱对象带来的乐趣。

我们不愿提到天堂,还有另一个原因,这一点你可能已经想到了——那就是,我们并不真正渴望它。不过,这是一个错觉。我现在要讲的仅仅是我个人的观点,没有丝毫权威性,我愿意得到更优秀的基督徒和学者的指正。有些时候,我们觉得自己对天堂没有渴望;不过,更多时候,我发现自己常常在思想一个问题——我们是否在内心深处渴慕某样别的东西呢?你可能注意到,在你喜欢的那些书之间,仿佛有一条无形的线索,把它们串连起来。你非常清楚,是什么样的共性促使你喜欢它们,尽管你无法用语言描述:然而,你的大多数朋友却看不到这一点,他们总是希奇你怎么会又喜欢这种书,又对那种爱不释手。再比如,你站在那里，眼前是一片美景，其中包含着你毕生所追寻的一切；尽管你身边的朋友也将同样的美景尽收眼底，当你转向他的时候，你却发现，你们一开始交谈，便话不投机，仿佛有一条鸿沟横亘在你们中间，你方才意识到，原来这幅美景对于他有着截然不同的意义，他所看到的跟你大相径庭，对于那些你领略到的难以言喻的感悟，他根本不以为然。其实，就连你的兴趣爱好之中也存在着某种无形的吸引力，而其他人对此浑然不觉——这种吸引力无法界定，却总是呼之欲出，比如刚劈开的木头的香气，还有水波拍打小船两侧发出的清脆声响，难道不是吗？有些时候，你终于遇到一个人，这个人身上有一些迹象，显示他或她拥有你生来渴慕的某样东西，就是你在其他欲望的洪流之下，在喧嚣激情之间的片刻静默中，日日夜夜，年复一年，从孩提时代到衰老垂暮，一直寻找、守望、倾听的东西，一生的知己就在这样的时刻出现，难道不是吗？然而，你却从未拥有你所渴慕的。那深深占据你心灵的一切，都不过是这样东西的影子——折磨人的瞬间闪光，从未信守的承诺，耳朵来不及捕捉便陷入沉寂的回声。不过，如果它真的显现出来——就是说，如果那回声没有沉寂，而是愈来愈响，甚至归回原声，你便知道，是它。超越了一切可能的疑惑，你此刻才能说“终于找到了，这就是我生来追求的东西”。我们无法对彼此讲述这样东西。因为，它是每个灵魂的秘密签名，是难以言传、无法满足的渴望，在我们遇到自己的妻子和朋友之前，在我们选择工作之前，我们早已在心中渴望着它，甚至当我们临终之时，当我们已经不再想妻子、朋友和工作的时候，我们依然渴望着它。只要我们活着，它就在那里。如果我们失去了它，我们便失去了一切。①

每个灵魂都有自己的印记，它是遗传和环境的产物，不过，这只说明遗传和环境是上帝用来创造人灵魂的工具。我所思考的，不是他怎样令每个灵魂独一无二，而是为什么。如果灵魂的差异对他毫无用处，我便不明白他为何造出无数个灵魂，而不是单一的灵魂。请记住，对他而言，你个人的种种没有任何秘密；有朝一日，它们对你也将不再是秘密。如果一件模具需要用钥匙开启，而你从未见过钥匙，这个模具就很奇怪：同样，如果你从未见过锁，那么开这把锁的钥匙也显得很奇怪。你的灵魂拥有独特的形态，那是因为它是一个空壳，好盛放用上帝的材料制造的不拘轮廓的膨胀内核；它又是一把钥匙，一幢大楼里有许多间房子，这把钥匙可以打开其中一扇门。因为，上帝要拯救的不是

---

① 因为我们是人，我们便从造物主那里拥有了这些不朽的渴望，而那些在基督里的人们则拥有圣灵的恩赐，我当然不希望把两者混为一谈。我们不应该自以为圣洁，因为我们不过是人。

抽象的人性，而是你，一个活生生的人，名叫约翰·斯塔布斯或者珍妮特·史密斯。你这蒙福的幸运儿，从此以后，你的眼中便只有上帝，再无其他。远离了罪恶，你的一切都由他注定，只要你愿意让他以他的良善行事，让他满意。布罗肯宝光环[①]“对每个人来说都像初恋的爱人一般”，实际上，它只是欺哄人的景象。然而，在每个灵魂眼里上帝都像初恋的爱人，因为他确实就是。你在天堂的位置是独一无二的，专门为你预备的，因为，你受造乃是为了这个位置——就像手套被一针一线缝纫出来乃是为了手一样。

从这个观点来看，我们就会明白地狱是代表缺失的所在。你终生未能获得欢欣，因为它在你的意识掌控范围之外。总有一天你会发现，要么你已经获得了它，超越了一切希望；要么，它虽近在咫尺，你却与它失之交臂。

这似乎是对无价之宝的危险的个人主观论述，事实并非如此。我所讲的不是一种“体验”。你只体验过对它的渴望。实际上，它从未被任何思想、形象、感情所包含。它总是召唤你脱离自我。如果你不肯放弃自我跟从它，如果你

---

① 布罗肯宝光环(Brocken Phenomenon 或者 Brocken spectre)，是光环透过云雾反射，并经由云雾中的水滴产生衍射和干射，最后形成一圈彩虹的一种光象，在光环中经常包括观察者本人的阴影。——译注

坐在那里酝酿这种渴望，并且关注它，它反而会离你而去。"生命的大门总是在我们身后敞开"，如果"一个人为了看不见的玫瑰香气而魂牵梦萦"，"唯一智慧的办法就是去干活"。[①] 如果你大吼大叫，这隐秘的火焰便会立即消失：用那些靠不住的理论和道德当燃料，你只能令火焰熄灭；转过身去，负起你的职责，它才能越烧越旺。这个世界如同一幅金色基调的画，我们都是画中的人物。除非你走出画面，进入死亡的广阔领域，否则，你永远看不到画上的金色。不过，我们可以回忆起那金色。换个比方，遮光窗帘并没有完全掩盖一切。那里仍有不少缝隙。[②] 许多时候，带有秘密的白日景象会显得更加宏大。

这只是我的观点；可能是错的。也许，这秘密的渴望是老旧人的一部分，应该在一切完结之前钉死。不过，这种说法里面藏着小花招，借以逃避被拒绝的命运。这渴望总是拒绝完全出现在人的体验中。无论你如何界定它，它都似乎是另外的东西：这渴望引我们去期待，十字架受难和复活的意义也在它给我们的期待之中。必须再次说明的是，如果这个

---

① 乔治·麦克唐纳，《埃里克·福布斯》(*Alec Forbes*)，第三十三章。

② 由于作者写作此书时正值二战时期，此处是用二战时期英国居民防止德军空袭拉起的遮光窗帘进行比喻，指上帝并未完全遮蔽关于人灵魂中秘密渴望的信息，而是留了许多缝隙。——译注

观点不是真实的，那么一定有“更好的东西”是真实的。不过“更好的东西”不是指这样或那样的体验，而是超越了体验的东西，而这正是我刚才对人所渴望的那样东西的定义。

你所渴慕的那样东西召唤你脱离自我。就连这种渴望本身也只有在你放弃自我的时候才存在。这是最终的法律——种子由死入生，将粮食撒在水面，[1]失去灵魂的人重新挽救灵魂。然而，种子的生命、将粮食撒在水面和重塑灵魂只是初步的牺牲。因此，“天堂里没有所有权。如果有人在那里把什么东西据为己有，他会立即被丢进地狱，成为邪恶的灵”，[2]这句话是正确的。不过，还有一句话说：“得胜的，我必将那隐藏的吗哪赐给他，并赐他一块白石，石上写着新名。除了那领受的以外，没有人能认识。”[3]这新名乃是上帝和领受者之间永恒的秘密，还有什么比它更配称作领受者拥有之物呢？我们是否应该解开这个秘密？当然，每一个得救的人都会永远知晓并赞美上帝的荣耀，远胜过其他一切生物。为什么人被造是因为无限慈爱的上帝以不

---

① cast your bread upon waters，出自圣经《传道书》11：1：“当将你的粮食撒在水面，因为日久必能得着。”意思是行善则至终必有善报。——译注

② 《日尔曼神学》（*Theologia Germanica*），li。

③ 圣经《启示录》2：17。

同的方式爱每一个人？这种不同对人丝毫无损，而是意味着蒙召之人要彼此相爱，意味着圣徒相通（the communion of the saints）[①]。如果所有人都以同一种方式经历上帝的存在，并且以同一种方式敬拜上帝，教会的凯歌便不再是交响乐，而是一个所有的乐器都弹奏单一音符的管弦乐团。亚里士多德告诉我们，一座城市乃是各种人的联合；[②]使徒保罗也说过，教会身体是不同肢体的联合。[③] 天堂既像一座城市，又像一个身体，因为，蒙召的人永远各不相同：他们是一个群体，因为，每个人都有话要告诉其他人——那就是关于"我的上帝"的新鲜事，每个人都在"我的上帝"里面发现新鲜的东西，所有人都赞美"我的上帝"。因为，每个灵魂都不断尝试以自己独特的视角告诉其他人，他们不断获得成功，又不断继续相同的尝试（他们借着世间的艺术和哲学口传相告，然而这些都不过是笨拙的模仿），其实，这种尝试

---

① 见于《使徒信经》"我信圣徒相通"一语，所谓"圣徒"，并不是无罪，而是通过基督的宝血得到赦免，心从圣灵那里获得新生（林前 1:30）。"圣徒相通"的含义是：第一，所有信徒都是基督的肢体，在他和他一切的丰富和恩赐中有份（约一 1:3，罗 8:32，林前 12:12—13，6:17）。第二，每一个信徒当自觉他有责任随时高兴地去使用他的恩赐，使其他肢体得益处（林前 12:21，13:1，5，腓 2:4—8）。——译注

② 《政治学》，ii，第 2、4 页。

③ 圣经《哥林多前书》12:12—30。

正是上帝创造人的目的之一。

因为,有差异才有联合;或许,从这个角度,我们才在片刻之间领悟了万物的意义。泛神论是一种信条,在遥远的过去泛神论或许并不那么荒谬和令人绝望。在上帝创造万物以先,或许可以说万物皆是神。不过,上帝创造了天地万有:他在自己之外创造了万物,又使万物各自不同,万物都应该学习如何去爱他,并成为联合,而不是千篇一律。这样,上帝便是“将粮食撒在水面”了。我们可以说,从某种意义上讲,早在创造过程中,那个无生命、没有意志的东西已经与上帝同在了,而人却不是。不过,上帝的目的并不是要我们回到原始的身份中去(某些异教神话可能要求我们这样做),而是要我们成为最特殊的个体,然后再以一种更高的形式归向他。即使对那至圣者[①]而言,“道即是神”这句话也并不完全,道还必须与神同在。圣父永远是圣子的父神,圣灵永远运行:神性里面已经包含了差异性,因此,人发出回应性的爱,并实现联合,其实是超越了数学意义上的合一,也超越了自我身份(self-identity)。

不过,每个灵魂的永恒差异性乃是一个奥秘,它使每个灵魂跟上帝联合,并且在它里面形成一个新的人——这种

① 指耶稣基督。——译注

差异性永远不会消除天堂对所有权的禁止。我们认为，每个灵魂，跟其他灵魂一样，都应该永远把自己得到的一切给予他人。上帝也是一样，我们必须记住，灵魂只是一个等待上帝填充的空壳。从定义上讲，人的灵魂跟上帝的联合是一个不断放弃自我的过程——一个敞开的过程，一个袒露的过程，一个交托的过程。一个蒙召的人像一件模具，越来越耐心地等着闪亮金属的注入；又像一个身体，毫无遮掩地接受属灵阳光在子午线的最强照射。我们不必假设类似克己的过程有一天会停止，也不必假设永恒生命不可能成为永恒死亡。从这个意义上讲，地狱里可能存在"快乐"（求上帝守护我们远离这些快乐），天堂里也可能存在类似痛苦的东西（求上帝保守我们可以很快尝到那滋味）。

因为，在放弃自我的过程中，在某一点上，我们所触到的不仅仅是上帝所有创造的节律，还是所有受造之物的节律。因为，上帝本人也为永恒的道而牺牲；不单是十字架上。他受难的时候，乃是"在他边远领地的恶劣环境中，而他在天家的荣耀和喜乐里已经完成了这一切"。[①] 早在世界被创造以先，他已经在顺服中使圣子的神性归回圣父的

---

① 乔治·麦克唐纳，《无言的布道》(*Unspoken Sermons*)，第三系列，第11、12页。

神性里面。圣子荣耀圣父,圣父也荣耀圣子。[①] 作为一个平信徒,本着顺服的心,我认为,“无人超过上帝,但是,上帝不是爱自己,乃是因为他就是良善,他爱的是良善”,[②]这句话是正确的。从最高到最低,自我之所以存在乃是为了让人脱离它,只有这样,人才能归回真正的本我,从而更加脱离并且永远脱离自我。这不是我们在世逃避的天堂律法,也不是我们得救以后脱离的世间律法。在自我放弃之外的体系不是地球,不是自然,也不是“普通人的生活”,而是地狱。然而,即使是地狱也出自现实的律。自我放弃才是绝对现实,人被禁锢在自我之中的可怕光景乃是自我放弃的对立面,是被黑暗包围、界定的真正现实的反面形象,或者说,是有形的、正面的现实在黑暗处的投影。

自我好比抛到假神当中的金苹果,结果引来一片争闹,因为他们都想抢到这苹果。他们不知道,这个神圣游戏的第一条规则便是:选手必须先碰到球,再立刻把它传给别人。如果让人发现你手里拿着球,你便犯了规:如果你紧抱着球不放,结果便是死亡。不过,当球在选手当中来回飞舞,选手的视线来不及抓住它时,那是主宰者上帝正在引导

---

① 参见圣经《约翰福音》17:1,4,5。

② 《日尔曼神学》,xxxii。

众人的喜乐，通过归回神圣本我的牺牲，把自己的道永远给了那个时代的受造之物，然后，这永恒的舞蹈“令天堂在和谐之中甜睡”。我们所知道的地上的一切痛苦和快乐不过是这舞蹈的引子：然而，世间任何苦难也无法跟这舞蹈本身相比。当我们接近它那永恒的节奏时，痛苦和快乐便从我们的视线中沉落。这舞蹈中蕴含着快乐，然而，它并非为快乐而存在。它甚至不是为良善而存在，也不是为爱而存在。因为，它本身就是代表爱的上帝，就是代表良善的上帝，它本身就是快乐。它不是为了我们而存在，但我们是为了它而存在。在本书开头，宇宙的旷逸令我们深深震撼，同时，也令我们心生敬畏，尽管这旷逸深广并未超出我们对三维空间的主观想象，然而，它象征着真理。我们的地球对于众星球，就像我们人类和我们的思想对于上帝的所有创造一样；众星球对于宇宙本身，就像上帝创造的所有生物和他的王权与大能对于那自在自有的无限存在一样，这个无限存在就是我们的天父，我们救主和我们内心的安慰者，但是，没有任何一个人或者天使能够讲出并测度他本身的存在，他们也不能讲出并测度他“从起初到末后”的作为。因为，他们不过是脆弱的衍生物。他们视而不见，因无法忍受绝对真理的强光而紧闭了眼睛，这真理过去存在，现在存在，将来仍然存在，它从来没有别的形式，也从来没有反面。

附　　录

（这篇附录是关于痛苦带来的影响，材料由R.哈福德医生根据临床观察提供。）

痛苦是一种常见的、确定无疑的现象，很容易觉察出来：不过，观察其特征和表现却并不容易，也不一定能做到完全和精确，尤其是在医生与病人短暂的密切接触中。尽管困难重重，在医学实践过程中还是逐渐形成了关于痛苦的某些看法，随着实际经验的增长，这些看法得到了进一步确认。身体疼痛即使短时间爆发，也会十分剧烈。患者通常不会大发牢骚。他只会请求医生减轻疼痛，不愿意花气力长篇叙述疼痛症状。患者很少会丧失自控能力，也很少陷入癫狂、失去理智。从这个意义上讲，严重身体疼痛很少变得完全难以忍受。在短暂的重度疼痛消失后，患者行为不会发生明显改变。长时间持续疼痛的后果则较为明显。患者往往会接受疼痛的事实，极少抱怨，或者根本不发怨言，患者的品格力量和顺服精神会大大增长。患者会从骄傲变为谦卑，有些时候，还会下定决心掩饰痛苦。患有类风湿关节炎的女性常常表现出极大的乐观精神，这种乐观精神十分典型，类似肺病患者的“**回光返照**”(spes phthisica)：可能未必是因为患者品格力量的增长，而是由感染所引起的轻度自我兴奋。有些长期疼痛患者则出现意志力消沉的表现。他们会变得爱发牢骚，利用自己的特殊地位像伤残者一样在家里发号施令。然而，奇妙的是，被疼痛击败的人只是少数，更多人成为战胜病痛的英雄；身体疼痛发出一种挑战，大多数人能够觉察并回应这一挑战。另一方面，长期患病，即使没有疼痛症状，也会大大消耗患者的心力和体力。伤残者往往放弃跟病魔的斗争，陷入无助、忧伤、自怜的绝望之中。即便如此，有些身体状况相同的人却能够保持平静、无我的状态，直到最后。能够亲眼见证这样的表现实在是一种珍贵而感人的经历。

心理痛苦不像身体疼痛那样戏剧化，不过，心理痛苦更加普遍，也更加难以忍受。频繁地试图掩饰心理痛苦会增加人的心理负担:说“我牙疼”比说“我心碎了”要容易得多。不过,如果能够接受并且勇敢面对心理痛苦的根源,心理冲突便可以净化人的品格、使人变得坚强,并且到了一定时候,心理痛苦通常会消失。然而,有些时候,心理痛苦挥之不去,后果便十分严重;如果当事人无法面对心理痛苦的根源,或者不晓得其根源,它便会造成慢性精神疾病。不过,有些人以英雄主义精神克服了心理痛苦,甚至克服了慢性精神疾病。他们经常会做出优异的成绩,并且使自己变得更加勇敢、坚强、敏锐,直到成为经过锻造的钢铁。

而真正的精神错乱则是一幅晦黯的图景。在整个医学界当中,没有什么疾病比慢性忧郁症更可怕。不过,大多数精神错乱者并不觉得难过,或者意识不到自己的病情。无论是哪种情况,一旦他们康复,他们几乎不会与患病前有什么不同,这一点是很惊人的。他们往往不记得患病时的情景。

痛苦给英雄主义提供了机会;抓住这机会的人是如此之多,真是令人赞叹。

译　后　记

做本书的译者之前，我先做了它的读者。我想，用“魅力”一词来形容它永远新鲜，且有吸引力恐怕不大合适，因为，面对它的透彻深邃，它的清新纯朴，它的深情款款，它的柔和谦卑，“魅力”一词，显得那么苍白虚弱，恨不得落荒而逃。这本书不仅让人不忍释卷，每当重新读过，它总能再一次触开人们内心休眠的某部分意识，让你重新审视这个世界，重新审视那个最熟悉的陌生人——你自己，你的存在，以及你和造物主的关系。当你愿意重新审视这一切的时候，痛苦的奥秘便悄然向你开启。这正是作者通过这本书对我们的引导。

一个人在面对痛苦时，往往喜欢向外看，看环境，看命运，看别人，巴不得可以借此亲手解开痛苦的谜团，却徒劳无功。然而，作者要我们学习向上看——仰望宇宙的主宰，同时向内看——透视自我。

作者C. S. 路易斯是牛津和剑桥大学著名的文学学者和批评家，被誉为“最伟大的牛津人”，他还是广受好评的奇幻小说及儿童文学作家，无奈，如今人们太过热衷于谈论他的《纳尼亚传奇》系列小说，以至于忽略了他的另一个重要身份——基督教神学作家。然而，本书绝不是一个生活安逸的著名学者的冷眼旁观，因为，一个从未经历过痛苦的人没有愿望也没有资格去诠释痛苦的奥秘。

1898年11月29日，路易斯出生于贝尔法斯特东部郊区，父母为他取名为克莱夫·斯特普尔斯·路易斯，他是家中的幼子，上面有一个哥哥。父亲阿尔伯特·路易斯是一位成功的律师，北爱尔兰的乌尔斯特人，祖先来自英国威尔士，他性情乖戾，为人严苛，把事业看得比妻儿重要。母亲弗洛拉·奥古斯塔·汉密尔顿是一位出色的数学家，1885年毕业于贝尔法斯特女王大学，获得数学和逻辑学学位，她具有法国血统，脾气温和，活泼，做事别出心裁。她喜欢编织，总是那么令人愉快，称丈夫为“我亲爱的老熊”。1905年4月，路易斯一家搬到利托利（Little Lea），一座宽敞的红砖房子，透过楼上小房间的窗户，能看到圣马可教堂。天主教徒仆人和新教长老会的女家庭教师经常出现在这座房子里，父亲还向教堂捐献了圣餐仪式用的银器。三、四岁的时候，小路易斯开始管自己叫杰克，拒绝对任何其他名字做出反应，这成了家人朋友对他终生使用的昵称。他的童年充满了“单调平凡的快乐”，爱尔兰潮湿的气候让兄弟俩更多时间呆在家里，对他们的想象力和写作产生了影响，那些海滨假日令人兴奋。哥哥沃尼一直是路易斯亲密的朋友。保姆莉齐·恩迪考特(Lizzie Endicott)小姐给小路易斯讲爱尔兰民间传说，在他7岁以前，母亲教他法文和拉丁文。父母都热爱阅读，路易斯在自传《惊遇喜乐》中形容自己是“这样一个生命产物，属于漫长的走廊，充满阳光的空旷房间，孤独中探索过的阁楼，楼上的重重寂静，汩汩作响的水箱和水管，屋顶瓦片下面流动的隐约风声……还有无穷无尽的书。”路易斯把中世纪元素融入他的想象王国，他喜欢那些“穿衣服的动物”和骑士传说。父母都是新教徒，每个星期天都带小路易斯上教堂，他觉得布道十分沉闷，长大以后，他对基督教十分疏远。1908年8月，母亲因癌症去世，距小路易斯10岁生日还有3个月，这是一场灾难，他生命中的一切快乐、宁静、安慰随之消逝。他讨厌空洞的葬礼，埋怨上帝没有垂听他祈求母亲康复的祷告。这段时间，他很认真地上教堂听道，每晚都祷告，但是，他遇到了麻烦，有一个来自撒旦的意念干扰他的祷告，他称之为“假冒的良心”；无论他祷告多少次，那个意念都说不够，并且质问他在祷告的过程中是否不断思想祷告的内容，再予以否定，结果他多次重复祷告，以至失眠，陷入思虑的煎熬。

父亲悲伤至极，十分颓废。他常常不顾气温，禁止家里开窗户，在炎热的夏日中午让两个儿子吃大量发烫的食物，教他们又长又艰深晦涩的拉丁文单词。这让兄弟俩感到悲观、压抑。不久父亲把他们送到英国赫特福德郡的韦恩亚德寄宿学校(Wynyard)。这所学校本来名声不错，但是，校长卡普伦(Robert Capron)冷酷暴躁，常常借故鞭打学生。路易斯在自传中称学校为“集中营”。学校后来被强制关闭。他在该校学习了将近两年，参加圣约翰天主教堂的崇拜仪式。这所教堂只注重外在仪式的庄严肃穆，路易斯并不喜欢那里的蜡烛、香和法衣，却从布道中接触到基督教基本教义。后来，路易斯离开韦恩亚德，所受的教义熏陶维持不久。1910 年，路易斯回到贝尔法斯特坎贝尔大学(Campbell College)的寄宿学校。1911－1913 年，他又入英国马尔文学院(Malvern College)的切尔堡学校(Cherbourg)读书，女舍监考维小姐(G. E. Cowie)经常照料和安慰被打伤的男孩子们，给了路易斯不少关怀和温情。不过，她本人迷恋神秘学、蔷薇十字会思想和唯灵论。她追求宗教和灵魂学的方式十分独特，让人兴奋不已，相比之下，路易斯所接受的基督教传统教义显得刻板无趣。他不仅丢掉了信仰，还失去了起初的美德和单纯的心。拦阻路易斯回归信仰的一大因素是“时间上的轻视”(chronological snobbery)，不加辨析地随从当时知识分子的思想大环境，厌弃过时的教义信条，在归向基督后，他指出，我们必须弄清当世人觉得这些信条过时，人们能否驳倒它们。他在马尔文的学业大有长进，但他还是写信请求父亲把他接走，他的智力超群，不大合群，持异教观点，跟强调集体化和标准化的公学保守风气格格不入。父亲同意了。1914 年，路易斯到布克汉姆(Bookham)，在私人家庭教师威廉·柯克帕特里克(William Kirkpatrick)的指导下，开始学习拉丁、希腊、法国、德国和意大利文学、哲学。柯克帕特里克是一位无神论者，理性主义者，在路易斯的眼中，他是“纯粹的逻辑实体”，具有不动声色的幽默感，冷静，好脾气，精力充沛，是一位伟大的人。他培养了路易斯严密的逻辑思辨能力，他的理性主义也深深影响了路易斯。路易斯终日阅读，跟老师讨论，在乡间漫步，这段时光安逸，宁静，充满乐趣。

在老师的悉心教导下，1916 年，路易斯获得奖学金，进入牛津大学，当时正值第一次世界大战时期，他主动参军，战争对他产生了巨大的影响。在法国北部的战壕里，他跟爱尔兰籍战友帕迪·摩尔(Paddy Moore)约好,无论谁死去,幸存者都要负责照顾对方的家庭。战壕潮湿,恶臭,血迹斑斑,满是寄生虫携带的病菌。由于感染和恶劣的医疗条件,轻微的外伤就能导致死亡。交战双方战壕中间的无人地带杂乱地堆满了无法辨认的尸体,还有奄奄一息的幸存者,就像伤残的昆虫一样。有时候双方达成协议,暂时停火,搬运伤员。他饱尝心灵的痛苦,更加质疑上帝的存在。路易斯一再经历战友的离世。同时,他开始写作第一本书,《被束缚的灵魂》(*Spirits in Bondage*)。在 1921 年 6 月 18 日的日记中,路易斯记录了他当时怎样从莫名的痛苦中醒来,满眼泪水。1918 年 3 月,摩尔阵亡。1918 年 5 月 25 日,路易斯带着一颗受挫的心和炮弹碎片造成的三处外伤回到英国,住在伦敦的一所医院疗伤,他陷入了战后创伤性忧郁。路易斯写信请求父亲前来探望,但是,父亲没有来。这种冷漠的反应给了年轻的路易斯巨大打击。事实上,自从母亲去世后,父亲的状况一直很糟,到 1918 年,他开始酗酒,每晚至少要喝一瓶威士忌。这时,摩尔的母亲来到医院,两人彼此接纳,路易斯搬去与摩尔太太(Mrs Janie Moore)和她的女儿莫琳(Moreen)同住,这样一住就是 30 多年,直到摩尔太太去世。1919 年,战争结束,路易斯重返牛津,继续学业,出版了第一部作品《被束缚的灵魂》——根据他在战争中的亲身经历写成,该书体现了他当时的无神论观点。1921 年，恩师柯克帕特里克去世，令他黯然神伤。从 1920 年至 1923 年，路易斯先后获得了牛津大学的希腊拉丁文学、哲学和古代史以及英语语言学三个一等学位。1925 年，他获得牛津大学英语语言文学讲师职位，从此开始，整整执教 29 年。1926 年，他出版了叙事长诗《戴摩尔》(*Dymer*)，主题是梦想和自欺，更加直接和全面地揭示了战争带来的创痛。在这部长诗中，路易斯对基督教展开猛烈抨击，视基督教信仰等同于超自然主义和唯心论。按照理性主义，他一直认为现实世界晦暗虚空，但却在小说、诗歌中读到尊严、真理、良善、美好、不朽，两者之间的冲突延迟了他归向上帝的脚步，不过，他在想象中盼望文学作品中表达的人类渴望能够得到满足。1926 年 5 月，英语系在默顿学院(Merton)开会的时候，J. R. R. 托尔金引起了路易斯的注意。路易斯曾经说过，他绝不相信天主教徒和哲学家，而托尔金恰好兼具这两种身份。两人都热衷于交谈和阅读北欧神话传说，很快成为挚交。路易斯不相信神迹，而托尔金笃信不疑，路易斯认识的一位无神论者曾经发表评论称，《圣经》福音书的历史真实性相当高，神死而复活，这事似乎的确发生过一次。路易斯想，既然这位顽固之极的无神论者的观点都有所松动，那么，他该何去何从？到了 1929 年，路易斯和托尔金开始定期会面，谈论诗歌、神话和彼此写的书。无数个夜晚，路易斯独自在抹大拉学院（Magdalen）的房间里，他的心思不时离开手头的工作，从容坚定地接近那位他极不愿遇见的神。一天，路易斯乘公共汽车从抹大拉到海丁顿（Headington）去，突然觉得一扇门为他开了，在那一瞬间，他接受了上帝，不过，这只是从无神论到有神论的转变，他尚未完全接受基督。1919 年 9 月 24 日，父亲阿尔伯特去世。路易斯十分悲伤，他认为跟父亲关系不好主要是他的责任。他感到父亲似乎还活着，在关心他，他开始相信灵魂不朽，这促使他主动查考《圣经》经文并开始参加教会活动。1930 年，路易斯参加了文学社团淡墨会（Inklings），成员包括托尔金和亨利·维克多·戴森等基督教学者，该社团首先在牛津大学活动，此后延续了 16 年。1931 年 9 月 19 日，星期六，一个温暖明净的夜晚，他们又在默顿学院会面，托尔金带来了里丁大学的基督徒教授亨利·维克多·戴森（Henry Victor Dyson，人称“雨果”），他们在抹大拉学院后部切维尔河畔（Cherwell River）美丽幽静的阿迪森路（Addison Walk）散步，后来又回到路易斯的房间，一连几个小时，他们谈论历史、神话传说、基督教信仰和四卷福音书中记载的耶稣。异教神话是拦阻路易斯归向上帝的障碍，他从童年时代就喜爱北欧神话，觉得异教神话跟基督教有许多类似之处。异教的诸神也曾降临人间，然后死亡，他认为，《圣经》讲神降世为人，为人类死在十字架上，这不过是一个神话，而神话是传说，不是事实，没有充足的理由证明基督教是真正的信仰。托尔金和戴森告诉他，异教神话中的诸神降世后死亡乃是异教徒透过想象窥见了真相的一斑，并且在神话传说中表达了这种神秘的渴望，而这一切都在两千年前发生了，耶稣确有其人，生在犹太的伯利恒，是神的儿子，许多非基督教文献都记载了他的生平，这是不争的事实。通过这番长谈，路易斯解决了许多自孩提时代一直困扰他的信仰问题，晓得基督教道成肉身为许多文化中关于神死的命题提供了真实的历史答案。几天后，路易斯坐在哥哥沃尼的摩托车跨斗里去维普斯内德动物园(Whipsnade Zoo)，出发时他尚未相信基督，到达的时候他已经信了。一颗伟大的灵魂往往要经历思想的争战才能铸成，就像圣奥古斯丁一样。那一年，路易斯 33 岁。从 1912 年到 1931 年，历经 18 年，路易斯从无神论归向基督信仰，从此成为上帝忠心的仆人，一位充满勇气与智慧的神学学者、作家。第二次世界大战爆发，哥哥沃尼应征入伍，不过，他只在部队呆了 11 个月，就因病回家了。战争开始的时候，路易斯 40 岁，按照英国法律，41 岁以下的男子必须服兵役，然而，政府特准他留在牛津。为了报效国家，他参加了一个非全职的民间警卫队，随时准备在纳粹大举进攻时投入战斗。他在 BBC 发表演讲，积极参加在牛津社团的活动。1940 年，《痛苦的奥秘》出版，给无数人带来了心灵的震撼。1941 年，他成为牛津大学苏格拉底俱乐部主席，该俱乐部是一个公开的论坛，关注知识分子在宗教信仰特别是基督教信仰上的难题。到了 1942 年，路易斯已经成了家喻户晓的基督教演讲家。1954 年路易斯离开牛津，赴剑桥大学任教授。不久他回到牛津，1956 年 4 月 23 日，他履行法律手续，娶了离异的犹太裔美国女诗人乔伊·大卫曼，帮助她留在英国。他觉得这不是上帝眼中的婚姻，所以，两人分开居住，并无婚姻之实。后经检查，乔伊患了骨癌，当时，路易斯已经深深地爱上了这个聪慧的女人。1957 年 3 月 21 日，他们请牧师在医院的病榻前主持了基督教的结婚仪式。晚年的路易斯仍然要面对苦难。乔伊于 1960 年 7 月 13 日去世。路易斯用文字缅怀亡妻，并完成了自传《惊遇喜乐》，在短短数年后，1963 年 11 月 22 日，终于走完了人生的道路。

不过，本书呈现在我们眼前的，不是这样一个灵魂基于切肤之痛的长篇独白，乃是这个灵魂如何作为一个管道，把从上面来的答案温柔地注入我们心底。《痛苦的奥秘》跟其代表作《返璞归真》（亦作《纯粹的基督教》）一样，是一部理性与信心的力作，不过，这并不意味着它充满了冷冰冰的说教，恰恰相反，这本书旁征博引却又深入浅出，它坚定而不专断，深邃而不晦涩，逻辑严密而不呆板凝滞，理智而不冷漠，温柔而不缠绵，字里行间不时流露出作者血管里涌流的温暖关爱和率真无比的赤子情怀。

在这本书中，路易斯触及了痛苦的本质，“痛苦是能够立刻觉察的邪恶，并且是不容忽视的邪恶。我们可以心满意足地赖在自己的罪恶和愚蠢上面不动；好比一个贪食的人对着一桌美味珍馐，只顾狼吞虎咽，却不知在吃什么，任何人见到这幅图景都得承认：我们甚至会忽视乐趣。然而，痛苦是绝对不容忽视的。当我们沉迷在享乐之中，上帝会对我们耳语；当我们良心发现，上帝会对我们讲话；当我们陷入痛苦，上帝会对我们疾呼：痛苦是上帝的扬声器，用来唤醒这个昏聩的世界。他指出，痛苦是一个奥秘，我们人类无法全然了解，单单围绕痛苦本身做文章毫无意义，必须将其置于基督教思想中来探讨。痛苦包含几个层面：人的罪恶招致痛苦，当人蓄意或者无意识地违背上帝的时候，会为罪受苦；上帝借着痛苦唤醒人的心灵，让人寻求、亲近上帝；上帝用苦难造就受苦者，塑造其品格。道成了肉身，耶稣基督降世为人，钉死在十字架上，担当了人类的苦难。在引言之后，路易斯论述了上帝的全能和良善，上帝创造人类的时候，赋予人自由意志，人有了自由意志，可以选择良善，也可以选择邪恶。接着，他讨论了罪如何从一人——亚当（伊甸园原罪）入了世界，人类的罪恶如何招致世界的苦难，有罪和无辜的人和无助的动物又为何遭遇痛苦，何为最终刑罚——地狱。然而，对基督徒而言，痛苦是上帝的工具，用来成就复杂的良善。

在探讨了痛苦的奥秘之后，本书第七章论述了快乐的奥秘——天堂的喜乐。童年的路易斯已经体会到了奇妙的喜乐，他在自传《惊遇喜乐》中说，“绿色山峦总在那里；我们每天都从儿童室眺望城堡山低缓的线条，那些山并不远，但是，对孩子来说，简直遥不可及，让我心生渴望——Sehnsucht……”Sehnsucht是路易斯自己创造的词，指一种迫切的不可名状的无法满足的喜乐或者渴望。喜乐无处不在，在家中花园里观赏花朵绽放的红醋栗；回忆哥哥的玩具花园，曾经让他联想到弥尔顿笔下的伊甸园；聆听瓦格纳的音乐；从英国著名儿童文学作家和插图画家波特（Beatrix Potter）的《松鼠纽金的故事》中感受“秋天的韵味”；阅读朗菲尔德（Longfield）翻译的北欧神话。他在《戴摩尔》（*Dymer*）中写道，“快乐在现实的边缘闪烁，稍纵即逝”。他在自传《惊遇喜乐》中进行了详细论述：我们晓得那种情感，但是，我们究竟渴望什么，无法用言语表达，我们还来不及抓住那渴望的时候，它已经不见了，闪烁的光芒消退，世界重新归于平淡，只激起一股崭新的渴望——对刚刚消失的渴望的渴望。然而，他相信，这种对喜乐的深切盼望尽管无法得到满足，却比任何属世享乐更让人怦然心动，胜过一切财富的丰裕，是享乐主义者在肤浅的哲学中寻觅不到的。他回归信仰以后写道，所有这些强烈的美好感受其实折射了对神和“遥远国度”或者说天堂的渴慕。人们很容易将其视为“浪漫的”或者“充满希望的思想”，甚至用属世享乐取代喜乐，沉湎其中，甚至把喜乐当作偶像，忘记追寻喜乐的源泉，事实上，喜乐乃是“充满思想的希望”。他指出，享乐是我们所能得到的，而喜乐是我们单凭己力无法获得的，喜乐是“关乎天堂的大事”，我们应该在享受精神上的愉悦的同时思考深层现实。

本书的价值是不言而喻的。同时，由于作者毕生致力于文学、哲学和神学研究，尤其对中世纪英国文学有着极深的造诣，使得读者得以享受古典艺术的诗情画意。作者行文优雅，经常引用名家的文学作品，信手拈来，却是恰到好处，与整体论述浑然天成，交映生辉。这一切都是表达方式，是一种优美的传递，然而，最应该珍视的是写作形式下面的内涵，痛苦的奥秘是什么，书中已经给出了答案。有许多人早已晓得这答案，使徒保罗说：“我们这至暂至轻的苦楚，要为我们成就极重无比、永远的荣耀。”透过本书，路易斯要提醒人们，基督知道并且承受过我们的痛苦。

图书在版编目(CIP)数据

痛苦的奥秘/(英)路易斯(C. S. Lewis)著;林菡译. —修订本.
—上海:华东师范大学出版社,2013.7
ISBN 978-7-5675-1057-9

Ⅰ.①痛… Ⅱ.①路… ②林… Ⅲ.①人生哲学—通俗读读 Ⅳ.①B821-49

中国版本图书馆CIP数据核字(2013)第171551号

华东师范大学出版社六点分社
企划人 倪为国

路易斯著作系列

痛苦的奥秘

著　　者　(英)C. S. 路易斯
译　　者　林　菡
责任编辑　倪为国
封面设计　姚　荣

出版发行　华东师范大学出版社
社　　址　上海市中山北路3663号　邮编　200062
网　　址　www.ecnupress.com.cn
电　　话　021-60821666　行政传真　021-62572105
客服电话　021-62865537
门市(邮购)电话　021-62869887
地　　址　上海市中山北路3663号华东师范大学校内先锋路口
网　　店　http://hdsdcbs.tmall.com

印 刷 者　上海盛隆印务有限公司
开　　本　787×1092　1/32
插　　页　4
印　　张　6
字　　数　85千字
版　　次　2013年12月第2版
印　　次　2024年10月第11次
书　　号　ISBN 978-7-5675-1057-9/B・795
定　　价　36.00元

出 版 人　王　焰

(如发现本版图书有印订质量问题,请寄回本社客服中心调换或电话021-62865537联系)